普通高等学校"十四五"规划机器人工程专业系列教材

机器视觉与传感器技术

主　编　邢博闻　许竞翔　管练武
副主编　刘雨青　李志坚　王　姝

华中科技大学出版社
中国·武汉

内 容 简 介

　　本书基于 OpenCV 框架和机器人系统中的传感器技术,用通俗易懂的语言深入浅出地介绍了图像识别和传感器的工作原理,包括传统的图像处理方法原理、目前流行的 OpenCV 的使用方法和典型传感器的原理及应用。书中配有丰富的图片、公式和表格来帮助读者更好地理解相关知识点,并且给出了具有代表性的实际应用案例来辅助读者进行学习。此外,书中相关算法和实例均配有相应的代码程序。

　　全书分两部分:第一部分(第 1~6 章)为机器视觉部分,内容包括机器视觉概论、OpenCV 使用环境配置、OpenCV 入门实例、图像处理和识别技术、单目和双目视觉系统;第二部分(第 7~12 章)为传感器技术部分,内容包括传感器技术概论、机器人姿态感知传感器、机器人环境感知传感器、适用于机器人的典型传感器、MEMS 惯性传感器以及 MINS/GPS/GM 组合导航原理及误差分析。全书提供了充足的应用实例,同时在每章的最后附有课后习题。

　　本书原理与实践并重,易于理解且可操作性强,适合机器视觉方向的初学者、大学生、研究人员和开发人员使用,也可作为高等院校计算机、软件工程、电子工程等相关专业本科生、研究生的教材,还可供机器视觉、图像处理、机器人等领域从事项目开发、科学研究的人员参考。

图书在版编目(CIP)数据

机器视觉与传感器技术/邢博闻,许竞翔,管练武主编.—武汉:华中科技大学出版社,2023.11
ISBN 978-7-5772-0067-5

Ⅰ.①机…　Ⅱ.①邢…　②许…　③管…　Ⅲ.①计算机视觉　②传感器　Ⅳ.①TP302.7　②TP212

中国国家版本馆 CIP 数据核字(2023)第 221152 号

机器视觉与传感器技术
Jiqi Shijue yu Chuanganqi Jishu

邢博闻　许竞翔　管练武　主　编

策划编辑:王　勇
责任编辑:戢凤平
封面设计:原色设计
责任校对:刘　竣
责任监印:周治超
出版发行:华中科技大学出版社(中国·武汉)　　电话:(027)81321913
　　　　　武汉市东湖新技术开发区华工科技园　　邮编:430223
录　　排:武汉三月禾文化传播有限公司
印　　刷:武汉科源印刷设计有限公司
开　　本:787mm×1092mm　1/16
印　　张:10.75
字　　数:267 千字
印　　次:2023 年 11 月第 1 版第 1 次印刷
定　　价:39.80 元

前　言

在人工智能时代,机器视觉技术日新月异,现在已经成为图像处理领域中一个热门的研究方向,也是人工智能技术的一个重要组成部分。机器视觉的出现不仅推动了图像处理技术的发展,还促进了人工智能技术的革新,相关技术已经成功应用在数据处理、目标识别分类、工业生产等领域,具有巨大的发展潜力和价值。OpenCV 作为机器视觉技术的重要工具,自推出后得到了广泛的应用。无论是工业界还是工程研究人员,使用 OpenCV 进行机器视觉的研究和开发均已经成为主流。

随着科技的发展,机器人技术也逐渐在人们的生活中占据越来越重要的地位,从传统的工业生产机器人到现在的扫地机器人,机器人技术的应用场景变得更加灵活多样,使生产生活更加便捷。对机器人系统来说,实现环境感知、姿态感知,完成自身作业任务都需要传感器技术的参与。传感器技术是机器人系统检测环境、采集数据不可缺少的部分,因此现在也有非常多的企业和研究机构对机器人的传感器技术进行研究。

本书总结了笔者使用 OpenCV 进行机器视觉开发和学习的成果,其中循序渐进地介绍了OpenCV 进行机器视觉开发中的重要概念、术语,对 OpenCV 在图像平滑、形态学处理、图像增强、边缘检测等领域的应用进行了深入浅出的探索,同时扩展性地介绍了单目和双目视觉测量的相关知识。本书除了讲述机器视觉的理论知识与应用技术外,还精心准备了相关的研究实例,目的在于帮助读者在学习 OpenCV 的过程中快速领悟其原理。本书理论实践并举,易于理解且可操作性强,对于初学者和正在使用 OpenCV 进行深度学习的大学生、研究生或开发人员,可作为快速上手 OpenCV 的指南。同时基于对机器人系统的研究经验,本书对机器人中所常用的传感器种类和工作原理进行了详细的介绍和分析,从任务需求的角度出发,帮助读者准确认识不同传感器的特点和应用场景。此外,本书还准备了相关的课后习题来帮助读者巩固并加强学习基础和效果。

本书共 12 章,各章内容概述如下:

第 1 章介绍机器视觉的作用和硬件构成,分析了机器视觉与 5G 的协同效应以及应用机器视觉技术的智能设备。

第 2 章介绍 OpenCV 的基本信息和下载安装步骤,以及如何使用 OpenCV 进行基础的图像处理。

第 3 章介绍 OpenCV 的入门实例,包括图像阈值化、图像平滑和形态学处理。

第 4 章介绍图像处理与识别技术,包括使用 OpenCV 实现图像增强、图像边缘检测和分类器训练。

第 5 章介绍单目视觉系统的硬件组成、摄像机模型、摄像机标定、标定尺检测等。

第 6 章介绍双目视觉系统的结构、摄像机标定和标定测量方法。

第 7 章为传感器技术概论,包括传感器的基本知识、命名方法、典型实例和发展历程等。

第 8 章介绍了几种常见的机器人姿态感知传感器,包括位置传感器、速度传感器、加速度传感器、倾角传感器和 MEMS 传感器。

第 9 章介绍机器人环境感知传感器,包括光电传感器、超声波传感器和激光雷达。

第 10 章介绍工业机器人和服务机器人所搭载的典型传感器。

第 11 章介绍了 MEMS 惯性传感器、组合导航系统及其滤波算法的研究现状和发展趋势。

第 12 章介绍 SINS、GPS、GM 的导航原理和误差分析,并对基于这几种导航方法的组合导航基本原理进行了研究。

本书是一本综合介绍机器视觉和传感器技术的入门书,从基本概念入手讲解,语言通俗,图文并茂,非常易于理解。在讲解对应内容的基础知识后,辅以实操案例,帮助读者准确理解。对相关的程序示例也进行了详细说明。本书的内容较为丰富,有助于读者在学习 OpenCV 的基础上广泛了解机器视觉在更多领域的实现和应用,对机器人系统典型传感器的基础知识和原理建立一个清晰的认知体系,了解传感器技术的种类、发展历史和研究现状。

本书提供了相关案例的源码文件,可方便读者参考练习。

机器视觉和传感器技术都是发展快速、多学科交叉的研究领域,在其理论及应用方面均存在大量尚未解决的问题。由于笔者的水平有限,书中难免有不妥和错误之处,敬请同行专家和读者指正。

编　者

2023 年 5 月

本书相关案例的源码文件

目　　录

第 1 章　机 器 视 觉

1.1　概述

　　党的二十大提出,要坚持将经济发展着力点放在实体经济上,推进新型工业化,加快制造强国、网络强国建设进程。为了贯彻落实国家战略需求,加快我国信息革命进程和信息技术发展,需要在人工智能等高新技术领域实现重大突破。机器视觉是人工智能技术的重要分支,它可以代替人眼来进行准确检测和精细判断,通过程序实现对目标的分析,目前大量应用于工厂自动化检测与机器人产业等。本章主要介绍机器视觉的作用、构成、应用以及与网络的协同推动作用。

　　机器视觉的应用领域广泛,在医学、军事、工业等方面均有应用,发展前景广阔。在智慧城市建设中,人脸识别技术成为智能安防的实现工具;在智能家居中,手势识别算法、语音交互、计算机视觉分别用于控制不同的功能系统。此外,机器视觉在智慧交通、智慧医疗等方面也有重要的应用。

　　机器视觉的硬件构成大体分为图像采集和计算机处理两部分。中央处理器(CPU)是计算机的核心部位,主要功能是执行计算机指令和处理计算机软件中的数据。硬盘、内存和图像采集设备也是机器视觉技术硬件基础的重要组成部分。在万物互联的现代社会中,具有低时延、高速度等优点的 5G 技术能与机器视觉协同推进智慧城市建设进程。同样,机器视觉是机器具备分析判断功能的重要技术,也是机器获取外界信息的重要途径,对机器人及相关智能装备非常重要。

1.2　机器视觉的作用

　　为了响应党中央、国务院做出的建设制造强国的重大战略部署,各地政府、企业、科研部门都在进行积极的探索和实践。加快推动新一代信息技术与制造技术融合发展,推动我国制造模式从"中国制造"向"中国智造"转变,加快实现我国制造业由大变强,正成为我们新的历史使命。当前,信息革命进程持续快速演进,物联网、云计算、大数据、人工智能等技术广泛渗透于经济社会各个领域,信息经济繁荣程度成为国家实力的重要标志。尤其在机器人与智能制造、控制和信息技术、人工智能等领域技术不断取得重大突破,推动传统工业体系分化变革,并将重塑制造业国际分工格局。

　　机器视觉,简单说就是用具有视觉检测功能的机器代替人眼来做测量和判断。具体来说机器视觉系统是配备有感测视觉仪器的检测机器,其中光学检测仪器所占比重非常高,一般用于检测各种产品的缺陷,或者用于判断并选择物体和测量尺寸等,还可应用在自动化生产线上对物料进行校准与定位。机器视觉是计算机视觉中最具有产业化应用潜力的部分,大量应用于工厂自动化检测及机器人产业。

人因为有从小到大的长期积累,不假思索就可以说出所见事物的大致信息,这是人眼的优势。但是,请注意前面所说的人眼看到的只是"大致"信息,而不是准确信息。例如,你一眼就能看出自己视野里有几个人,甚至知道有几个男人、几个女人以及他们的胖瘦和穿着打扮等,包括目标(人)以外的环境都很清楚,但是你说不准他们的身高、腰围、离你的距离等具体数据,最多能说"大概是××吧",这就是人眼的劣势。假如让一个人到工厂的生产线上去挑选有缺陷的零件,即使在人能反应过来的慢速生产线上,干一会也会感慨"这哪里是人干的事",那些快速生产线就更不用说了。是的,这些不是人眼能干的事,是机器视觉干的事。

对于机器视觉,上述的工厂在线检测就是它的强项,它不仅能够检测产品的缺陷,还能精确地检测出产品的尺寸大小,只要相机解像度足够,精度达到 0.001 mm 甚至更高都不是问题。但是机器视觉不能像人那样一眼判断出视野中的全部物品。机器视觉不能像人眼那样自动存储曾经"看到过"的东西,如果没有给它输入相关的分析判断程序,它就什么都"看不到"。当然,可以通过输入学习程序,让它不断学习,但目前所能达到的水平有限。

机器视觉是机器的眼睛,可以通过程序实现对目标物体的分析判断,可以检测目标的缺陷,可以测量目标的尺寸大小和颜色,也可以为机器的特定动作提供特定的精确信息。

机器视觉具有广阔的应用前景,可以用在社会生产和人们生活的各个方面。在替代人的劳动方面,所有需要用人眼观察、判断的事物,都可以用机器视觉来完成,最适合用于大量重复动作(例如工件质量检测)和眼睛容易疲劳的判断(例如电路板检查)。对于人眼不能做到的准确测量、精细判断、微观识别等,机器视觉也能够实现。表 1-1 所示为机器视觉在不同领域的应用实例。

表 1-1 机器视觉在不同领域的应用实例

应用领域	应用实例
医学	基于 X 射线图像、超声波图像、显微镜图像、核磁共振图像、人体器官三维图像等的病情诊断和治疗,病人监测与看护
遥感	利用卫星图像进行地球资源调查、地形测量、地图绘制、天气预报,以及农业、渔业、环境污染调查和城市规划等
宇宙探测	海量宇宙图像的压缩、传输、恢复和处理
军事	运动目标跟踪、精确定位与制导、警戒系统、自动火控、反伪装、无人机侦察
工业	电路板检测、计算机辅助设计(CAD)、计算机辅助制造(CAM)、产品质量在线检测、装配机器人视觉检测
体育	人体动作测量、球类轨迹跟踪测量
影视、娱乐	3D 电影、虚拟现实、广告设计、电影特技设计、网络游戏
办公	文字识别、文本扫描输入、广告设计
服务	看护机器人、清洁机器人、扫地机器人

1.3　机器视觉在智慧城市的应用

　　智慧城市最早起源于传媒领域,是指利用各种信息技术或创新概念,将城市的系统和服务打通、集成,以提升资源运用的效率,优化城市管理和服务,以及改善市民生活质量。它是一种城市信息化高级形态,实现了信息化、工业化与城镇化深度融合,有助于缓解"大城市病",提高城镇化质量,实现精细化和动态管理,提升城市管理成效和改善市民生活质量。

　　智慧城市由智慧安防、智慧家居、智慧交通、智慧医疗等部分组成,下面我们来探讨一下机器视觉在这些领域的具体应用和实践。

　　在智慧安防方面,人脸识别技术已经广泛应用于火车站等场所,此外,在智慧社区的大体系下,智能门禁已经成为社区标配。人工智能+视频监控能实现通过人脸识别、车辆分析、视频结构化算法提取视频内容,检测运动目标,并将目标分为人员属性、车辆属性、人体属性等多种目标信息,结合公安系统,分析犯罪嫌疑人线索。通过人工智能处理安防领域的海量视频和监控内容还可促进人工智能算法性能的提高,并使之成熟应用于其他行业。在智慧社区里,包含智能门禁、车辆道闸、车位锁等功能的智慧管理系统能够实现手机实名、身份证、门禁卡的绑定,可精准地进行人员甄别,有效帮助物业管理。

　　在智慧家居方面,手势识别算法可以让我们通过简单的手势完成电视节目切换、音箱自动播放。许多厂家都已推出带屏音箱,而智能电视除语音交互之外,通过计算机视觉分析视频内容,还可以对内容相关资料进行下一步操作,包括短视频剪辑、边看边买等。智能冰箱可以通过机器视觉实现对冰箱内食品的分析,以及衍生出用户健康管理和线上购物等功能。

　　多种交互方式将统一在家居生活场景中,从而为用户提供更自然的交互体验。家里的智能机器人可以通过图像识别技术对物体进行识别,实现对人的跟随。若搭配上人工智能系统,它将能分辨出你是它的哪个主人,并且与你进行一些简单的互动。比如检测到是家里的老人,它可能会测一测血压;如果是小孩子,它可能会讲个故事。智能锁通过人脸识别、远程可视、智能门锁的联动防御,可做到人脸识别一体化,精准、快速、高效地进行人脸识别,真正实现无感知通行。而智能锁连接的多功能报警器则可以连接社区物业平台与公安系统,全方位为用户提供一个安全、舒适的家庭环境。

　　在智慧交通方面,首先会想到自动驾驶汽车。摄像头是智能汽车的重要传感器,利用机器视觉技术,车辆可以实现自身定位并对地图进行建模,还可以识别红绿灯、车辆、行人、交通标志等道路信息。从宏观的角度来看,结合机器视觉的智能硬件将交通枢纽联网,使海量车辆通行记录信息汇集起来,这对城市交通管理有着重要的作用。街道上安装的摄像机和其他传感器,可以向交通管理中心提供实时数据。其内置的物联网卡通过联网可将数据发送到云上进行分析,然后得出反馈命令。智能交通信号灯利用运动传感器等相关设备,能够捕获车辆的流量和运行情况,根据实际情况做出相应改变,从而保证交通通行的顺畅。当检测到信号灯出现硬件故障时,智能交通信号灯能够通过物联网卡将数据上传,实时告知管理者,以便及时对故障进行维修,避免交通拥堵。将摄像机与路灯结合使用可以帮助跟踪交通流量并相应调整城市照明。

　　在智慧医疗方面,可以通过机器视觉对医疗影像进行快速读片和智能诊断。医疗影像数据是医疗数据的重要组成部分,结合机器视觉的智能硬件能够通过快速准确地标记特定异常结构来提高图像分析的效率,以供放射科医生参考。这样可让放射科医生将更多时间聚焦在需要解读或判断的内容审阅上,从而有望缓解放射科医生供给缺口问题。

1.4　机器视觉的硬件构成

人眼的硬件构成笼统点说就是眼珠和大脑,机器视觉的硬件构成也可以大概说成是摄像机和计算机,如图 1-1 所示。图像采集设备除了摄像机之外,还有图像采集卡、光源等。以下从计算机和图像采集设备两方面做较详细的说明。

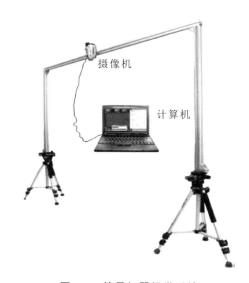

图 1-1　简易机器视觉系统

1.4.1　计算机

计算机的种类很多,有台式计算机、便携式计算机、平板电脑、工控机、微型处理器等,但是其核心部件都是中央处理器、内存、硬盘和显示器,只不过不同计算机核心部件的形状、大小和性能不一样而已。

1) 中央处理器

中央处理器即 CPU(central processing unit),是计算机的核心部位,相当于人的大脑组织,其主要功能是执行计算机指令和处理计算机软件中的数据。CPU 发展非常迅速,现在个人计算机的计算速度已经超过了 10 年前的超级计算机。

2) 硬盘

硬盘是计算机的主要存储媒介,用于存放文件、程序、数据等。硬盘由覆盖有铁磁性材料的一个或多个铝制或玻璃制的碟片组成。

硬盘的种类有:固态硬盘(solid state drive,SSD)、机械硬盘(hard disk drive,HDD)和混

合硬盘(hybrid hard disk,HHD)。SSD 采用闪存颗粒来存储,HDD 采用磁性碟片来存储,HHD 是把磁性硬盘和闪存集成到一起的一种硬盘。绝大多数硬盘都是固定硬盘,被永久性地密封固定在硬盘驱动器中。

　　数字化的图像数据与计算机的程序数据相同,被存储在计算机的硬盘中,经计算机处理后,图像将显示在显示器上或者重新保存在硬盘中以备使用。除了计算机本身配置的硬盘之外,还有通过 USB 连接的移动硬盘,最常用的就是通常说的 U 盘。随着计算机性能的不断提高,硬盘容量也在不断扩大,现在一般计算机的硬盘容量都达到了 TB 数量级,1 TB＝1024 GB。

　　3) 内存

　　内存(memory)也被称为内存储器,用于暂时存放 CPU 中的运算数据,以及与硬盘等外部存储器交换的数据。只要计算机在运行中,CPU 就会把需要运算的数据调到内存中进行运算,当运算完成后 CPU 再将结果传送出来,例如,将内存中的图像数据拷贝到显示器的存储区而显示出来等。因此,内存的性能对计算机的影响非常大。

　　现在数字图像文件一般都比较大,例如,对于 900 万像素的照相机,拍摄的最大图像是 $3456 \times 2592 = 8957952$ 像素,一个像素是红绿蓝(RGB)3 个字节,总共是 $8957952 \times 3 = 26873856$ 字节,也就是会占用 $26873856 \div 1024 \div 1024 \approx 25.63$ MB 内存。实际查看拍摄的 JPEG 格式图像文件一般为 2 MB 左右,没有那么大,那是因为将图像数据存储成 JPEG 文件时进行了数据压缩。但是在进行图像处理时必须首先进行解压缩处理,然后再将解压缩后的图像数据读到计算机内存里。因此,图像数据非常占用计算机的内存资源,内存越大越有利于计算机的工作。

　　4) 显示器

　　显示器(display)通常也被称为监视器。显示器是计算机的 I/O 设备,即输入输出设备,有不同的大小和种类。根据制造材料的不同,可分为阴极射线管显示器 CRT(cathode ray tube)、等离子显示器 PDP(plasma display panel)、液晶显示器 LCD(liquid crystal display)等。显示器可以选择多种像素及色彩的显示方式,从 640×480 像素的 256 色到 1600×1200 像素以及更高像素的 32 位的真彩色(true color)。

1.4.2　图像采集设备

　　图像采集设备包括摄像装置、图像采集卡和光源等。目前基本上都是数码摄像装置,而且种类很多,包括 PC 摄像头、工业摄像头、监控摄像头、扫描仪、摄像机、手机等。当然,显微镜和天文望远镜也都是图像输入装置。

　　摄像头的关键部件是镜头。镜头的焦距越小,近处看得越清楚;焦距越大,远处看得越清楚。镜头相当于人眼的眼角膜。对于一般的摄像设备,镜头的焦距是固定的;一般 PC 摄像头、监控摄像头等常用摄像设备镜头的焦距为 4～12 mm。工业镜头和科学仪器镜头有的是定焦镜头,也有的是调焦镜头。

　　摄像装置与计算机一般通过专用图像采集卡、IEEE1394 接口和 USB 接口连接,如图 1-2 所示。计算机的主板上都有 USB 接口,有些便携式计算机除了 USB 接口之外,还带有 IEEE1394 接口。台式计算机在用 IEEE1394 接口的数码图像装置进行图像输入时,如果主板上没有 IEEE1394 接口,需要另配一枚 IEEE1394 图像采集卡。IEEE1394 图像采集卡是国际标准图像采集卡,价格非常便宜,市场价从几十元到三四百元不等。IEEE1394 接口的图像采集帧率比较稳定,一般不受计算机配置影响,而 USB 接口的图像采集帧率受计算机性能影响较大。现在,随着计算机和 USB 接口性能的不断提高,一般数码设备都趋向于采用 USB 接口,而 IEEE1394 接口多用于高性能摄像设备。对于特殊的高性能工业摄像头,例如采集帧率达每秒一千多帧的摄像头,一般都自带配套的图像采集卡。

USB接口　　　　　　　　IEEE1394接口　　　　　　　图像采集卡

图 1-2　图像输入接口

　　在室内生产线上进行图像检测,一般都需要配置一套光源。可以根据检测对象的状态选择适当的光源,这样不仅可以降低软件开发难度,还可以提高图像处理速度。用于图像处理的光源一般选择直流电光源,特别是在高速图像采集时必须用直流电光源,因为交流电光源会使图像产生闪烁现象。直流电光源一般采用发光二极管 LED(light emitting diode),其可根据具体使用情况做成圆环形、长方形、正方形、长条形等不同形状,如图 1-3 所示。有专门开发和销售图像处理专用光源的公司,这样的专业光源一般都很贵,价格从几千元到几万元不等。

点光源　　　　　　　条形光源　　　　　　　圆形光源　　　　　　方形光源

图 1-3　光源

1.5　机器视觉与 5G 的协同效应

　　3G 和 4G 网络的普及推动了移动互联网的蓬勃发展,丰富了人们的生活。如今 5G 到来,其高速度、低延时的特性极大地推动了物联网(internet of things,IoT)的发展,让万物互联成为现实。以智能汽车为例,现有的感知技术,如雷达、摄像头等实际上都只给车提供了一个"看"的能力,并没有办法与车互动,而且这种"看"的能力会受到雨、雾等天气情况的影响。这些感知技术都只是为了让单辆汽车能够完成自主驾驶,而真实道路情况是十分复杂的,仅仅实现一辆车的自主驾驶是无法满足真实交通的需求的。比如在自动驾驶场景下,汽车本地的处理策略够丰富,但也会碰到一些处理不了的紧急情况,在这种情况下,我们要做的是把本地处理"挪到"云端,通过云端大数据或超算来解决紧急情况,向自动驾驶车辆发出处理命令。此外,自动驾驶有很多其他实际场景,比如自动超车、协作式避碰、车辆编队、红绿灯路口、规避拥堵等,这些都需要车与车以及车与道路端设施之间的联网通信。如果想将自动驾驶车辆采集的巨大信息量上传到云中心,就需要上行有巨大的带宽,下行有非常短的时延,这些只有 5G 技术才能实现。再比如目前车载导航系统的一大痛点是对路况变化以及复杂路况的导航效果不如意。而随着无线通信技术的发展,精确的实时导航系统可以随时应对路况变化,通过云计算等技术实现复杂路况导航,超高精度的地图导入可以将真实环境数据化,无论是人工驾驶还是自动驾驶,都能将交通效率提升一个台阶。而超高精度地图也意味着巨大的数据量,没有 5G 技术的支持恐怕难以成行。

基于 V2X(vehicle to everything),比如在酒店、商场、影院、餐厅、加油站、4S 店等场所部署 5G 通信终端,当车辆接近这些场所的有效通信范围时,会根据车主的需求快速与这些商业机构建立无线网络,实现终端之间高效快捷的通信,从而可以快速订餐、订房、选择性地接收优惠信息等,且在通信过程中不需要连接互联网,这就是 V2X。据预测,无人驾驶汽车每秒可产生 0.75 GB 的数据流量,人们每年待在车里的时间长达 600 小时,一辆自动驾驶汽车的流量消费相当于 2666 名互联网用户。未来的信息大爆炸或将从汽车开始。这些都对通信的可靠性和延时性提出了一定要求,而有了 5G 的交互式感知,车就可以对外界环境做一个输出,不仅能探测到状态,还可以做出反馈。由智能网联汽车以及路端设施建立起来的智慧交通,是智慧城市的重要组成部分。在未来,智慧政务、智慧环保、智慧安防、智慧教育、智慧医疗、智慧生活都将成为现实。

1.6　机器视觉、机器人和智能装备

提起机器人,一般人都会联想到人形机器人,有些人会以为只有外形和功能都像人的机器才叫机器人。其实不然,人形机器人只是机器人的一种,而且还不算普及。更多的机器人是形状不拘一格、具备不同专业功能的机器,也被称为智能装备,如图 1-4 所示。同样是机器,有些能被称为机器人或者智能装备,有些则不能,衡量标准就是看它有没有具备人脑那样的分析判断能力。具体具备多大的分析判断能力并不重要。人眼(视觉)是人脑从外界获取信息的主要途径,占总信息量的 70% 以上,除此之外,还有皮肤(触觉)、耳朵(听觉)、鼻子(嗅觉)、嘴巴(味觉)等。与此对应,机器视觉是机器的电脑从外界获得信息的主要途径,其他还有接触传感器、光电传感器、超声波传感器、电磁传感器等。由此可知,机器视觉对于机器人或者智能装备非常重要。

工业机器人　　　　　农田机器人　　　　　人形机器人　　　　　探测机器人

图 1-4　不同的机器人

课 后 习 题

1. 简述机器视觉的定义与作用。
2. 分析机器视觉的硬件构成及各部分功能。
3. 简述机器视觉的适用场景与突出优点。
4. 简述近年来机器视觉技术的主要应用。

第 2 章　OpenCV 图像处理

2.1　概述

第 1 章主要介绍了机器视觉技术的基础概念,该技术能够帮助机器实现图像处理功能,而具体实现则可以通过 OpenCV 来完成。OpenCV 是开源的跨平台计算机视觉库,用 C++语言编写并优化,能够帮助实现图像处理功能。

1999 年,加里·布拉德斯基启动 OpenCV 项目,为计算机视觉和人工智能提供了稳定的架构基础。OpenCV 由许多功能模块组成,主要包含核心模块、图像处理模块、视频分析模块、深度神经网络模块等,可以运行在 Linux、Windows、Android 和 Mac OS 操作系统上。不同系统的下载与安装也不相同,本章对此有详细介绍,可根据用户系统进行针对性安装与学习。准备工作结束后,就可以通过理论与实例来进一步学习图像处理的相关内容。

在进行图像处理工作时,可以利用 OpenCV 来进行不同的操作,例如图像的读取保存与属性查看、图像通道的拆分与合并等。通过 OpenCV 视觉库能够快速搭建一个基础的视觉处理应用,OpenCV 在机器视觉领域中占有非常重要的地位。

2.2　OpenCV 介绍

OpenCV 的英文全称是 Open Source Computer Vision Library,它是一个开源的跨平台计算机视觉库,采用 C++语言编写,具有 C++、Python、Java 和 MATLAB 接口,并支持 Windows、Linux、Android 和 Mac OS 等系统运行。OpenCV 设计用于进行高效的计算,十分强调实时应用的开发,在深度优化后可以享受多线程处理的优势。图 2-1 所示为 OpenCV 的图标。

OpenCV 提出了三大目标:

(1) 为基本的视觉应用提供开发且优化的源代码,促进视觉研究的发展。

(2) 通过提供一个通用的框架来传播视觉知识,开发者可以在这个框架上继续开展工作。

(3) 开源,且不要求商业产品继续开放代码,促进基于视觉的商业应用的发展。

OpenCV 由很多模块组成,下面介绍 OpenCV 的一些主要模块。

(1) Core:核心模块,包含 OpenCV 库的基础结构以及基本操作。

图 2-1　OpenCV

（2）Imgproc：图像处理模块，包含基本的图像转换、滤波以及类似的卷积操作。

（3）Imgcodecs：图像文件读写。

（4）Highgui：即 HighGUI(high-level graphics user interface)，是一个可移植的图形工具包。OpenCV 将与操作系统、文件系统和摄像头之类的硬件交互的函数纳入其中，可以看作一个非常轻量级的 Windows UI 工具包。

（5）Video：视频分析模块，该模块包含读取和写视频流的函数。

（6）Calib3d：该模块包括校准单目、双目以及多个相机的算法实现。

（7）Feature2d：该模块包含用于检测、描述以及匹配特征点的算法。

（8）Objdectect：该模块可以检测特定目标，也可以训练检测器并用来检测其他物体。

（9）DNN：深度神经网络模块，该模块包含用于创建新层的 API、一组预定义的常用层、从层构造和修改神经网络的 API、从不同深度学习框架加载序列化网络模型的功能等。

（10）ML：机器学习模块，其本身是一个非常完备的模块，包含大量的机器学习算法并且这些算法都能和 OpenCV 的数据类型自然交互。

（11）Flann：快速最邻近库。这个库包含一些用户不会直接使用的方法，但是其他模块中的函数会调用它在数据集中进行最邻近搜索。

（12）GPU：主要用于函数在 CUDA GPU 上的优化实现，此外，还有一些仅用于 GPU 的功能。

（13）Photo：这是一个新的模块，包含计算摄影学的一些函数工具。

（14）Contrib：这个模块包含一些新的、还没有被集成进 OpenCV 库的功能，例如神经网络、人脸识别、深度图像处理等。

OpenCV 可以应用于很多场景，例如二维和三维特征提取、街景图像拼接、手势识别、人脸识别、动作姿态识别、医学图像分析、目标跟踪、机器人与无人驾驶汽车导航与控制等。

2.3　OpenCV 下载及安装

本节我们将介绍在各种环境下下载并安装 OpenCV 的方法。在 OpenCV 官方网站(https://opencv.org/)可以下载最新的且完整的源码以及大部分的 release 版本源码。接下来，我们以 Windows、Ubuntu 和 Mac 系统为例，下载安装 OpenCV。

2.3.1　在 Windows 系统下安装 OpenCV

（1）进入 OpenCV 官网 https://opencv.org/，点击 Library→Releases 进入下载界面。这里会有 OpenCV-3.x 版本和 OpenCV-4.x 版本可供下载，自行选择想要的下载版本即可，如图 2-2 所示。

（2）下载完成后，会出现一个.exe 执行文件。双击安装，解压后得到一个文件夹，不建议放在 C 盘。

（3）安装完成后，文件夹中的 build 中包含 OpenCV 使用时要用到的一些库文件，sources 中是 OpenCV 官方提供的一些示例源码。

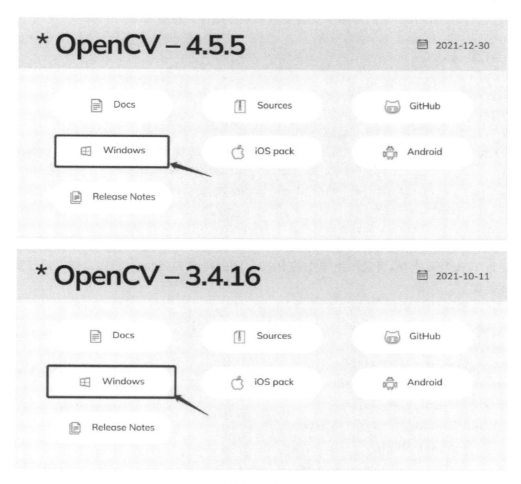

图 2-2　版本选择

（4）配置环境变量。具体操作为：在桌面右键点击计算机图标，选择属性，找到高级系统设置，查看环境变量，找到 path 变量，选中并点击新建；找到 OpenCV 文件夹，依次选择 build →x64→vc15→bin，将此路径复制到 path 环境变量中，点击确定。至此，环境变量配置完成。

（5）OpenCV 是一个 SDK（软件开发工具包），需要使用工具开发，例如 Visual Studio，在相应工具中进一步进行部署。

如果我们是想要在 Python 下配置 OpenCV，那么就很简单了。Python 无须通过上述步骤安装 OpenCV，直接使用 pip install 安装两个包即可，这两个包是 opencv-python 和 opencv-contrib-python。pip 是 Python 官方推荐的 Python 包管理工具，它可以查找、下载、安装、卸载 Python 包，在诸多系统上都可以正常运行。

2.3.2　在 Ubuntu 系统下安装 OpenCV

1）安装方式

选择下载源程序文件 CMAKE 编译安装。安装依赖项，先安装必选项：CMAKE，GCC，

Python-devel 和 Numpy,它们将用于安装配置和软件编译。指令如下:

```
sudo apt-get install cmake
sudo apt-get install gcc g+ +
为支持 Python2;
sudo apt-get install python-dev python-numpy
为支持 Python3;
sudo apt-get install python3-dev python3-numpy
为支持 GUI,Camera(v4l)和 Media(ffmpeg, gstreamer)等,安装 GTK;
sudo apt-get install libavcodec-dev libavformat-dev libswscale-dev
sudo apt-get install libgstreamer-plugins-base1.0-dev libgstreamer1.0-dev
为支持* GTK2** ;
sudo apt-get install libgtk-3-dev
为支持* GTK3** 。
```

接下来,安装可选项,可选项用于支持 PNG,JPEG,JPEG2000,TIFF,WebP 等图片格式。指令如下:

```
sudo apt-get install libpng-dev
sudo apt-get install libjpeg-dev
sudo apt-get install libopenexr-dev
sudo apt-get install libtiff-dev
sudo apt-get install libwebp-dev
```

2) 下载 OpenCV 源程序

安装 git 应用,源程序可从官网下载。

sudo apt-get install git

git clone https://github.com/opencv/opencv.git

克隆下载后,将在 home 的当前目录建立文件夹 OpenCV。进入 OpenCV 文件夹,建立 build 目录,用于存放编译的文件。进入刚建立的 build 文件夹:

mkdir build

cd build

3) CMAKE 配置和安装

CMAKE 编译配置用于选择安装路径、安装模块和附加库等,配置完成后,编译按照配置参数自动进行。

a.预编译:

cmake.../

OpenCV 的默认安装路径是 * * /usr/local * *

b.编译安装:

make

sudo make install

4）安装后的环境配置

a. 打开配置文件：

/etc/ld.so.conf.d/opencv4.conf

在文件后加上一行：/usr/local/lib

其中，/usr/local 就是 OpenCV 的安装路径，也是 makefile 中默认的安装路径。

指令为：sudo gedit /etc/ld.so.conf.d/opencv4.conf

使配置生效：sudo ldconfig

b. 修改 bash.bashrc 文件：

sudo gedit /etc/bash.bashrc

然后在文件末加入路径变量：

PKG_CONFIG_PATH= $ PKG_CONFIG_PATH:/usr/local/lib/pkgconfig

export PKG_CONFIG_PATH

使修改生效：source /etc/bash.bashrc

测试 OpenCV：pkg-config opencv-modversion

c. 若弹出错误，提示为：

```
Package opencv was not found in the pkg-config search path.
Perhaps you should add the directory containing 'opencv.pc'
to the PKG_CONFIG_PATH environment variable
No package 'opencv' found
```

那么，我们在/usr/local/lib/中建立目录 pkgconfig：

sudo mkdir pkgconfig

cd pkgconfig

手动创建文件 opencv4.pc：

sudo gedit opencv4.pc

在 opencv4.pc 中输入：

```
prefix= /usr/local
exec_prefix= $ {prefix}
includedir= /usr/local/include
libdir= /usr/local/lib
Name:OpenCV
Description:Open Source Computer Vision Library
Version:4.5.5
Libs:-L$ {exec_prefix}/lib-lopencv_stitching-lopencv_superres-lopencv_videos>
Libs.private:-ldl-lm-lpthread-lrt
Cflags:-I$ {includedir}
```

d. 最后测试一下：

```
> > > python3
> > > import cv2 as cv
> > > print(cv._version_)
```

若成功输出 OpenCV 的版本则表示安装成功。

2.3.3　在 Mac 系统下安装 OpenCV

在 Mac 上安装 OpenCV 很简单,使用 homebrew 安装,输入一个命令行 brew install opencv,等待完成即可。这种方法最为方便,且不需要各种复杂的配置。此外也可以通过源码编译的方法来安装。这种方法的安装步骤和上述在 Ubuntu 系统下的安装步骤十分接近,不同的是,Mac 拥有自己的开发环境 Xcode,它包含了大部分在 CMAKE 过程中需要的东西。该方法需要添加 -G Xcode 指令到 CMAKE 中来生成一个 Xcode 工程,从而可构建和调试工程。

2.4　OpenCV 图像处理基础

通过前面的学习,相信你对机器视觉的概念背景等有了简单了解,知道在应用中应该做好哪些准备工作,包括软硬件安装、相关工具的安装等。在本节,我们将理论和实例相结合,进一步学习 OpenCV 图像处理相关内容。

2.4.1　图像的读取保存与属性查看

1)图像读取

使用 cv2.imread(filename[,flags])来读取图像,读取的图像名称不能是中文。参数 filename 包括了后缀在内的图像路径加名字,flags 为读取标记,用来控制读取文件的类型,部分常用标记值如表 2-1 所示。

表 2-1　常用 flags 标记值

参数	含义	数值
cv2.IMREAD_UNCHANGED	保持原格式不变	−1
cv2.IMREAD_GRAYSCALE	将图像调整为单通道的灰度图像	0
cv2.IMREAD_COLOR	将图像调整为 3 通道的 BGR 图像,此为 flags 的默认值	1
cv2.IMREAD_ANYDEPTH	当载入的图像深度为 16 位或者 32 位时,返回其对应的深度图像;否则,将其转换为 8 位图像	2
cv2.IMREAD_ANYCOLOR	以任何可能的颜色格式读取图像	4
cv2.IMREAD_LOAD_GDAL	使用 GDAL 驱动程序加载图像	8

2)属性查看

使用 imread()读取完得到的是一堆数组,所以可以直接得到属性信息。通过 shape 关键字可以获取图像的形状,返回行数、列数、通道数;通过 size 关键字可以获取图像的像素;通过 dtype 关键字可以获取图像的数据类型,通常返回 uint8。

以图 2-3 所示的一张海参图为例,我们看一下图像的读取与属性信息输出。

图 2-3　海参图

图像及属性信息读取：

```
1  import cv2
2  import numpy as np
3  import matplotlib.pyplot as plt
4
5  result = cv2.imread('./4484.jpg')#读取
6  print("shape",result.shape,'\nsize',result.size,'\ndtype',result.dtype)
```

信息输出：

```
shape (1080, 1920, 3)
size 6220800
dtype uint8
```

3）图像保存

图像保存可以通过关键字 imwrite 来完成。例如，cv2.imwrite("D:\\1.jpg",img)，括号里的参数为文件地址和文件名。

2.4.2　图像通道的拆分与合并

一般图像为三颜色通道，即 RGB 三颜色通道，但是使用 imread()读取的图像通道为 BGR。因为 OpenCV 首次开发时，标准是 BGR 顺序。虽然现在该标准已经变成了 RGB，但 OpenCV 仍然保留原始的 BGR 排序，以确保之前编写的代码不会出现错误。

1）通道拆分

一种方法是：B＝img[:,:,0]；G＝img[:,:,1]；R＝img[:,:,2]。具体操作如下：

```
titles = ['B','G','R']
for i in range(3):
    plt.subplot(1,3,i+1),plt.imshow(result[:,:,i])
    plt.title(titles[i])
plt.show()
```

输出结果如图 2-4 所示：

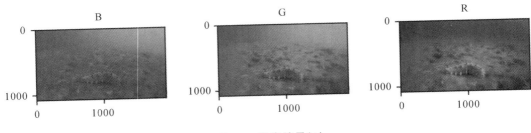

图 2-4 输出结果（1）

除了上述方法可以拆分通道外，通过 cv2. split()也可以拆分通道。具体操作如下：

```
b, g, r = cv2.split(result)
cv2.imshow('b',b)
cv2.imshow('g',g)
cv2.imshow('r',r)
cv2.imshow('4484',result)
cv2.waitKey(0)
cv2.destroyAllWindows()
```

其中：

imshow()函数用来显示图像，格式为：None＝cv2. imshow(window，image)。其中，window 是窗口的名字，image 是要显示的图像。

waitKey()函数用来等待按键，当有键被按下时，该语句会被执行。格式为：retval＝cv2. waitKey([delay])。其中，retval 是返回值，delay 表示等待键盘触发的时间，单位是 ms。当该值为负数或 0 时表示无限等待，默认值为 0。

destroyAllWindows()函数用来释放所有窗口，格式为：None＝cv2. destroyAllWindows()。

以上操作输出的 b、g、r 结果如图 2-5 所示：

图 2-5 输出结果（2）

split()分割出来的 B 通道和 imread 读取图片的第一个通道是一样的。

2）通道合并

通道合并是通道拆分的逆向过程，可以将 BGR 三个通道的灰度图像合并为一张彩色图像。通过 OpenCV 中提供的 merge()函数可以实现图像通道的合并，基本格式为：imagebgr＝cv2.merge([b，g，r])。其中 imagebgr 是合并后的图像，b、g、r 分别是 B 通道、G 通道、R 通道的图像信息。

合并操作如下：

```
image_merge = cv2.merge([b,g,r])
cv2.imshow("merge",image_merge)
```

由此我们可以得到三通道合并后的图像，如图 2-6 所示：

图 2-6　合并结果

2.4.3　图像运算

1）图像加法运算

OpenCV 中有两种方法可以实现图像的加法运算。一种是通过 Numpy 库对图像进行加法运算，另一种是通过 cv2.add()函数来实现对图像的加法运算。计算机一般使用 8 位来表示灰度图像，所以像素值的范围是 0～255。当像素值的和超过 255 时，这两种加法运算的处理方法是不一样的。下面进行具体的介绍。

在使用 Numpy 库对两个图像的像素进行加法运算时，其具体运算方法为：结果图像＝图像 a＋图像 b，对结果进行取模运算。根据像素值不同，分为两种不同情况。

情况一：当像素值≤255 时，结果为"图像 a＋图像 b"，例如 123＋45＝168；

情况二：当像素值＞255 时，结果是对 255 取模，例如(255＋88)％255＝88。

若使用 OpenCV 库中的 cv2.add()函数实现图像加法运算，那么运算方法为：结果图像＝

cv2. add(图像 a，图像 b)。此时结果是饱和运算，有以下两种情况：

情况一：当像素值≤255 时，结果为"图像 a＋图像 b"，例如 123＋45＝168；

情况二：当像素值＞255 时，结果为 255，例如(255＋88)＝255。

OpenCV 库实现图像加法运算和 Numpy 库实现图像加法运算还是有所区别的。具体操作如下：

```
1   import cv2
2   import numpy as np
3   import matplotlib.pyplot as plt
4
5   result = cv2.imread('./4484.jpg')#读取
6   test = result
7   # 方法一：Numpy加法运算
8   result1 = result + test
9   # 方法二：OpenCV加法运算
10  result2 = cv2.add(result, test)
11  # 显示图像
12  cv2.imshow("original", result)
13  cv2.imshow("result1_Numpy", result1)
14  cv2.imshow("result2_OpenCv", result2)
15
16  # 等待显示
17  cv2.waitKey(0)
18  cv2.destroyAllWindows()
```

图 2-7 所示分别为原图、Numpy 库加法运算结果图、OpenCV 库加法运算结果图。

图 2-7　输出结果(3)

2）图像融合运算

图像融合通常是指将 2 张或 2 张以上的图像信息融合到 1 张图像上，融合后的图像会包含更丰富的信息，便于人眼观察或计算机处理。运算方法与图像加法类似，图像融合就是在图像加法的基础上增加了系数和亮度调节量。图像加法的运算方法是：目标图像＝图像1＋图像2；图像融合的运算方法是：目标图像＝图像 1 * 系数 1＋图像 2 * 系数 2＋亮度调节量。主要调用的函数是 addWeighted()函数，方法为：

```
dst= cv2.addWeighter(scr1, alpha, src2, beta, gamma)
dst= src1* alpha + src2* beta + gamma
```

要注意的是，参数 gamma 不能省略，并且两张融合的图像像素大小要一致。

2.4.4　图像类型转换

图像类型转换是指将一种类型转换为另一种类型，例如彩色图像转换为灰度图像、BGR 图像转换为 RGB 图像。OpenCV 提供了 200 多种不同类型之间的转换，其中最常用的有 3 类。

图像类型转换：result＝cv2.cvtColor(图像，参数)。其中，参数有以下 3 种：cv2.COLOR_BGR2GRAY 是彩色图像转灰度图像；cv2.COLOR_BGR2RGB 是 BGR 通道转 RGB 通道；cv2.COLOR_GRAY2BGR 是灰度图像转彩色图像。具体操作如下。

（1）彩色图像转灰度图像：

```
1   import cv2
2   import numpy as np
3   import matplotlib.pyplot as plt
4
5   #读取图片
6   src= cv2.imread('./4484.jpg', cv2.IMREAD_UNCHANGED)
7
8   # 图像类型转换
9   result = cv2.cvtColor(src, cv2.COLOR_BGR2GRAY)
10
11  # 显示图像
12  cv2.imshow("src", src)
13  cv2.imshow("result", result)
14
15  # 等待显示
16  cv2.waitKey(0)
17  cv2.destroyAllWindows()
```

转换前后对比如图 2-8 所示：

图 2-8　转换前后对比（1）

（2）BGR 通道转 RGB 通道：

```python
import cv2
import numpy as np
import matplotlib.pyplot as plt

#读取图片
src= cv2.imread('./4484.jpg', cv2.IMREAD_UNCHANGED)

# 图像类型转换
result = cv2.cvtColor(src, cv2.COLOR_BGR2RGB)

# 显示图像
cv2.imshow("src", src)
cv2.imshow("result", result)

# 等待显示
cv2.waitKey(0)
cv2.destroyAllWindows()
```

转换前后对比如图 2-9 所示：

图 2-9 转换前后对比（2）

2.4.5　图像大小调整

很多时候为了更好地适应屏幕,或者实现更快的处理速度,或者满足深度学习网络的方阵要求和达到特定维度的图像的尺寸等,需要调整图像大小。

图像缩放可以通过 resize()函数实现,具体如下:

result=cv2.resize(src, dsize[, result[,fx[, fy[, interpolation]]]]),其中,src 表示原始图像,dsize 表示缩放大小,fx 和 fy 表示缩放大小倍数。dsize 或 fx/fy 设置一个就可以实现图像缩放。

(1) cv2.resize(src,(200,100))设置的 dsize 是列数为 200,行数为 100,代码如下:

```python
import cv2
import numpy as np
import matplotlib.pyplot as plt

#读取图片
src= cv2.imread('./4484.jpg', cv2.IMREAD_UNCHANGED)

# 图像缩放
result = cv2.resize(src, (200,100))
print (result.shape)

# 显示图像
cv2.imshow("src", src)
cv2.imshow("result", result)

# 等待显示
cv2.waitKey(0)
cv2.destroyAllWindows()
```

缩放结果如图 2-10 所示:

图 2-10　缩放结果(1)

（2）图像缩放也可以通过获取原始图像像素 * 缩放系数进行。例如 result ＝ cv2. resize（src,（int（cols * 0. 6）, int（rows * 1. 2）））,代码如下：

```
5    #读取图片
6    src= cv2.imread('./4484.jpg', cv2.IMREAD_UNCHANGED)
7    rows, cols = src.shape[:2]
8    print
9    rows, cols
10
11   # 图像缩放 dsize(列, 行)
12   result = cv2.resize(src, (int(cols * 0.6), int(rows * 1.2)))
13
14   # 显示图像
15   cv2.imshow("src", src)
16   cv2.imshow("result", result)
17
18   # 等待显示
19   cv2.waitKey(0)
20   cv2.destroyAllWindows()
```

缩放结果如图 2-11 所示：

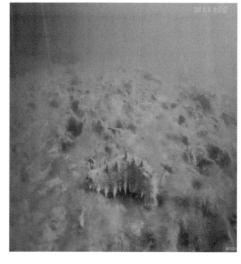

图 2-11　缩放结果（2）

（3）通过缩放倍数（fx，fy）对图像进行放大或缩小。例如 result＝cv2.resize(src，None，fx＝0.3，fy＝0.3)，代码如下：

```
1    import ...
4
5    #读取图片
6    src= cv2.imread('./4484.jpg', cv2.IMREAD_UNCHANGED)
7
8    rows, cols = src.shape[:2]
9    print
10   rows, cols
11
12   # 图像缩放
13   result = cv2.resize(src, None, fx=0.3, fy=0.3)
14
15   # 显示图像
16   cv2.imshow("src", src)
17   cv2.imshow("result", result)
18
19   # 等待显示
20   cv2.waitKey(0)
21   cv2.destroyAllWindows()
```

缩放结果如图 2-12 所示：

图 2-12　缩放结果(3)

2.4.6　图像旋转

图像旋转主要通过 getRotationMatrix2D()函数和 warpAffine()函数实现，具体如下：

M＝cv2.getRotationMatrix2D(center，angle，scale)。其中，center 为旋转中心，angle 为旋转度数，scale 为缩放比例。

23

rotated＝cv2. warpAffine(src，M，(cols，rows))。其中，src 为原始图像，M 为旋转参数，(cols,rows)为原始图像宽高。

（1）旋转 30°，代码如下：

```
5    #读取图片
6    src= cv2.imread('./4484.jpg', cv2.IMREAD_UNCHANGED)
7
8    # 原图的高、宽 以及通道数
9    rows, cols, channel = src.shape
10
11   # 绕图像的中心旋转
12   M = cv2.getRotationMatrix2D((cols / 2, rows / 2), 30, 1)
13   rotated = cv2.warpAffine(src, M, (cols, rows))
14
15   # 显示图像
16   cv2.imshow("src", src)
17   cv2.imshow("rotated", rotated)
18
19   # 等待显示
20   cv2.waitKey(0)
21   cv2.destroyAllWindows()
```

旋转前后对比如图 2-13 所示：

图 2-13　旋转前后对比（1）

（2）旋转 180°。

将上述代码中的旋转度数改成 180°,即 M＝cv2.getRotationMatrix2D((cols / 2,rows / 2),180,1)。旋转前后对比如图 2-14 所示：

图 2-14　旋转前后对比（2）

2.4.7　图像翻转

在 OpenCV 中图像翻转通过函数 flip()实现,函数具体用法为:dst＝cv2.flip(src,flip-Code)。其中,dst 表示目标图像,src 表示原始图像,flipCode 表示翻转类型。若 flipCode＝0,则表示绕着 X 轴翻转;若 flipCode＞0,则表示绕着 Y 轴翻转;若 flipCode＜0,则表示绕着 X 轴、Y 轴同时翻转。具体操作代码如下：

```
1   import cv2                                        ⚠1 ⚠4
2   import numpy as np
3   import matplotlib.pyplot as plt
4
5   #读取图片
6   img = cv2.imread('./4484.jpg', cv2.IMREAD_UNCHANGED)
7   src = cv2.cvtColor(img, cv2.COLOR_BGR2RGB)
8
9   # 图像翻转
10  # 0以X轴为对称轴翻转 >0以Y轴为对称轴翻转 <0X轴Y轴翻转
11  img1 = cv2.flip(src, 0)
12  img2 = cv2.flip(src, 1)
13  img3 = cv2.flip(src, -1)
14
15  # 显示图形 （注意一个窗口多张图像的用法）
16  titles = ['Source', 'Image1', 'Image2', 'Image3']
17  images = [src, img1, img2, img3]
18  for i in range(4):
19      plt.subplot(2, 2, i + 1), plt.imshow(images[i], 'gray')
20      plt.title(titles[i])
21      plt.xticks([]), plt.yticks([])
22  plt.show()
23
24  # 等待显示
25  cv2.waitKey(0)
26  cv2.destroyAllWindows()
27
```

三种情况下的翻转结果如图 2-15 所示：

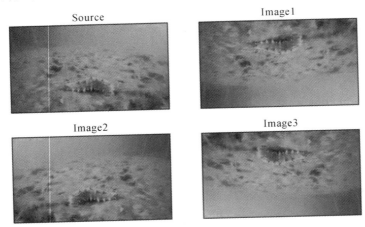

图 2-15　翻转结果

2.4.8　图像平移

图像平移需先定义平移矩阵 M，再调用 warpAffine（）函数来实现，函数用法为：M＝np.float32（[[1，0，x]，[0，1，y]]）；shifted＝cv2. warpAffine（image，M，（image. shape[1]，image. shape[0]））。具体操作代码如下：

```python
import cv2
import numpy as np
import matplotlib.pyplot as plt

#读取图片
img = cv2.imread('./4484.jpg', cv2.IMREAD_UNCHANGED)
image = cv2.cvtColor(img, cv2.COLOR_BGR2RGB)

# 图像平移 下、上、右、左平移
M = np.float32([[1, 0, 0], [0, 1, 100]])
img1 = cv2.warpAffine(image, M, (image.shape[1], image.shape[0]))

M = np.float32([[1, 0, 0], [0, 1, -100]])
img2 = cv2.warpAffine(image, M, (image.shape[1], image.shape[0]))

M = np.float32([[1, 0, 100], [0, 1, 0]])
img3 = cv2.warpAffine(image, M, (image.shape[1], image.shape[0]))

M = np.float32([[1, 0, -100], [0, 1, 0]])
img4 = cv2.warpAffine(image, M, (image.shape[1], image.shape[0]))

# 显示图形
titles = ['Image1', 'Image2', 'Image3', 'Image4']
images = [img1, img2, img3, img4]
for i in range(4):
    plt.subplot(2, 2, i + 1), plt.imshow(images[i], 'gray')
    plt.title(titles[i])
    plt.xticks([]), plt.yticks([])
plt.show()
```

上述代码实现的分别向下、向上、向右、向左的平移结果如图 2-16 所示：

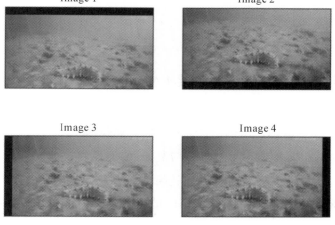

图 2-16　平移结果

课 后 习 题

1. 请列举一些用到 OpenCV 的场景。
2. 简述 OpenCV 的作用与构成。
3. OpenCV 在 Windows 与 Mac 系统的安装与下载有什么不同的地方，需要注意什么？
4. 简述实现图像加法运算的两种方法。

第 3 章　OpenCV 入门实例

3.1　概述

前两章详细介绍了机器视觉技术的相关概念与背景，同时还给出了相关软件和工具的安装使用步骤等。在学习了上述基本内容之后，本章将通过实例来讲解一些基础的图像处理操作，帮助读者更加轻松高效地入门机器视觉和图像处理技术。

图像处理的常用方法有图像变换、增强与复原、编码压缩、分割等。阈值化是最简单的图像分割方法，主要有二进制与反二进制、截断、阈值化为 0 以及反阈值化为 0 五种。图像平滑是一种区域增强的算法，可以提高传输过程中图像的质量，可分为均值滤波、中值滤波和高斯滤波等。为了了解图像的结构特征以及各部分之间的联系，需要对目标图像进行形态学处理，形态学处理的基本方法包括腐蚀、膨胀、开启和闭合，另外还有黑帽与顶帽运算。

3.2　准备工作

OpenCV 是一个跨平台的计算机视觉库，提供了 Python 接口，实现了图像处理和计算机视觉方面的很多通用算法。随着机器学习的迅速发展，关于 OpenCV 的参考资料和相关教程都很详细。

在开始操作具体的实例之前，先在开发环境和项目代码方面做好准备，具体如下：

（1）安装完 OpenCV 之后，需要安装 imutils 包。imutils 包必须与 OpenCV 安装在同一环境中，这样才能进行后续的图像处理。代码如下：

```
$pip install imutils
```

若使用的 Python 环境为虚拟环境，则首先需要进入 Python 虚拟环境，再安装 imutils 包。

（2）用命令行创建一个文件夹：

```
$cd
$mkir opencv_workspace
```

然后把 OpenCV 源码下载到当前目录：

```
$cd  opencv_workspace
$git  clone  http://github. com/Itseez/opencv.git
```

至此环境配置完成,接下来进行 OpenCV 项目实例讲解。

3.3　OpenCV 实例讲解

本章我们准备了 Python 实例来帮助学习和实践 OpenCV 的相关知识,进行图像处理的进阶学习。

3.3.1　图像阈值化

阈值化可以视为最简单的图像分割方法。比如从一幅图像中分割出我们所需要的物体部分。该方法基于图像中物体与背景之间的灰度值差异,且此分割属于像素级的分割,具体是用图像中的每一个像素点的灰度值与给定的阈值进行比较,并给出相应的判断(指定分割出物体的灰度值,如黑色或白色)。阈值的选择取决于具体的问题。

retval, dst＝cv2. threshold(src, thresh, maxval, type)

其中:retval 表示返回值;dst 表示处理结果;src 表示原图像;thresh 表示阈值;maxval 表示最大值;type 表示类。

(1) 二进制阈值化:

cv2. THRESH_BINARY

像素灰度值＞thresh,设为最大灰度值(如:8 位灰度值最大为 255,以下都以 8 位灰度图为例);像素灰度值＜thresh,设为 0。

(2) 反二进制阈值化:

cv2. THRESH_BINARY_INV

与二进制阈值化相反,像素灰度值＞thresh,设为 0;像素灰度值＜thresh,设为 255。

(3) 截断阈值化:

cv2. THRESH_TRUNC

像素灰度值＞thresh,设为 thresh;像素灰度值＜thresh,不变。

(4) 阈值化为 0:

cv2. THRESH_TOZERO

像素灰度值＞thresh,不变;像素灰度值＜thresh,设为 0。

(5) 反阈值化为 0:

cv2. THRESH_TOZERO_INV

与阈值化为 0 相反，像素灰度值＞thresh，设为 0；像素灰度值＜thresh，不变。

图 3-1 所示为一个简单的图像阈值化代码示例。

```
# encoding:utf-8
import cv2
import numpy as np
import matplotlib.pyplot as plt

# 读取图像
img = cv2.imread("DU/r.img", cv2.IMREAD_UNCHANGED)
lenna_img = cv2.cvtColor(img, cv2.COLOR_BGR2RGB)
GrayImage = cv2.cvtColor(img, cv2.COLOR_BGR2GRAY)

# 阈值化处理
ret, thresh1 = cv2.threshold(GrayImage, 127, 255, cv2.THRESH_BINARY)
ret, thresh2 = cv2.threshold(GrayImage, 127, 255, cv2.THRESH_BINARY_INV)
ret, thresh3 = cv2.threshold(GrayImage, 127, 255, cv2.THRESH_TRUNC)
ret, thresh4 = cv2.threshold(GrayImage, 127, 255, cv2.THRESH_TOZERO)
ret, thresh5 = cv2.threshold(GrayImage, 127, 255, cv2.THRESH_TOZERO_INV)

# 显示结果
titles = ['Gray Image', 'BINARY', 'BINARY_INV', 'TRUNC', 'TOZERO', 'TOZERO_INV']
images = [GrayImage, thresh1, thresh2, thresh3, thresh4, thresh5]
for i in range(6):
    plt.subplot(2, 3, i + 1), plt.imshow(images[i], 'gray')
    plt.title(titles[i])
    plt.xticks([]), plt.yticks([])
plt.show()
```

图 3-1　图像阈值化代码

代码实现的效果如图 3-2 所示：

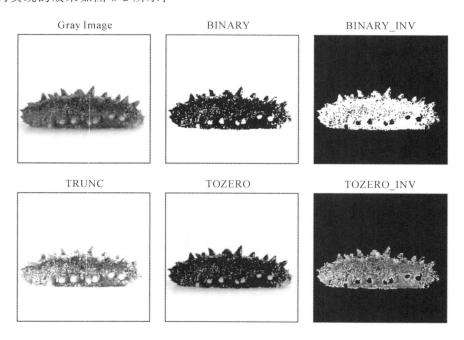

图 3-2　图像阈值化结果

3.3.2　图像平滑

图像平滑是一种区域增强的算法,平滑算法有邻域平均法、中值滤波、边界保持类滤波等,而后文中所提到的均值滤波与高斯滤波均属于邻域平均法。图像在产生、传输和复制过程中,常常会由于多方面原因而被噪声干扰或出现数据丢失,从而使图像的质量降低。这就需要对图像进行一定的增强处理以减小这些缺陷带来的影响。

1) 均值滤波

cv2.blur(原始图像,核大小)

该方法中任意一点的像素值都是周围 $N \times M$ 个像素值的均值。$N \times M$ 表示核大小。

注:

① 随着核大小逐渐变大,图像会变得更加模糊;

② 如果设置核大小为(1,1),则结果就是原始图像。

2) 中值滤波

cv2.medianBlur(src, ksize)

这里的核大小 ksize 必须是奇数,将该点周围的像素点(包括本身)按次序排列,取中位数作为点的像素值。

注:

① 随着核大小逐渐变大,图像会变得更加模糊;

② 核必须是大于 1 的奇数,如 3、5、7 等;

③ 在代码 dst＝cv2.medianBlur(src, ksize)中填写核大小时,只需填写一个数即可,如 3、5、7 等,对比均值滤波函数用法。

3) 高斯滤波

cv2.GaussianBlur(src, ksize, sigmaX)

图像高斯平滑也是用邻域平均的思想对图像进行平滑的一种方法。高斯平滑与简单平滑不同,它在对邻域内像素进行平均时,给予不同位置的像素不同的权值。高斯滤波算法根据像素的重要程度对周围像素计算加权平均值,较近的像素具有较大的权重值。

在 Python 中 OpenCV 主要调用 GaussianBlur()函数来实现图像平滑,如下:

```
dst = cv2.GaussianBlur (src, ksize, sigmaX)
```

其中,src 表示原始图像,ksize 表示核大小,sigmaX 表示 X 方向的方差。

注:

核大小(N, N)必须是奇数,X 方向的方差主要控制权重。

（1）核大小为 3×3，代码如图 3-3 所示。

```
# encoding:utf-8
import cv2
import numpy as np
import matplotlib.pyplot as plt

# 读取图片
img = cv2.imread('图片.jpg')
source = cv2.cvtColor(img, cv2.COLOR_BGR2RGB)
# 高斯滤波
result = cv2.GaussianBlur(source, (3, 3), 0)  # 可以更改核大小
# 显示图形
titles = ['Source Image', 'GaussianBlur Image (3, 3)']
images = [source, result]
for i in range(2):
    plt.subplot(1, 2, i + 1), plt.imshow(images[i], 'gray')
    plt.title(titles[i])
    plt.xticks([]), plt.yticks([])
plt.show()
```

图 3-3　核大小为 3×3 的图像平滑代码

代码实现的效果如图 3-4 所示：

Source Image   GaussianBlur Image(3,3)

图 3-4　核大小为 3×3 的图像平滑效果图

（2）核大小为 5×5，代码如图 3-5 所示。

```
# encoding:utf-8
import cv2
import matplotlib.pyplot as plt

# 读取图片
img = cv2.imread('图片.jpg')
source = cv2.cvtColor(img, cv2.COLOR_BGR2RGB)

# 高斯滤波
result = cv2.GaussianBlur(source, (5, 5), 0)  # 可以更改核大小

# 显示图形
titles = ['Source Image', 'GaussianBlur Image (5, 5)']
images = [source, result]
for i in range(2):
    plt.subplot(1, 2, i + 1), plt.imshow(images[i], 'gray')
    plt.title(titles[i])
    plt.xticks([]), plt.yticks([])
plt.show()
```

图 3-5　核大小为 5×5 的图像平滑代码

代码实现的效果如图 3-6 所示：

Source Image　　　　　　　　GaussianBlur Image(5,5)

图 3-6　核大小为 5×5 的图像平滑效果图

注：

① 随着核大小逐渐变大，图像会变得更加模糊；

② 核大小(N，N)必须是大于 1 的奇数，如 3、5、7 等。

3.3.3　形态学处理

1）腐蚀

cv2.erode(src，kernel，iterations)

卷积核中心逐个遍历图像像素，当卷积核范围内全是原图像时，不改变原像素值，当卷积核范围内有除了原图像以外的区域时，将此范围内的原图像像素值置为 0，即腐蚀这个像素点。

2）膨胀

cv2.dilate(src，kernel，iterations)

卷积核中心逐个遍历图像像素，当卷积核范围内有一个原图像的像素点时，将卷积核范围内所有像素值置为 1，即将该像素点膨胀为卷积核大小的区域。

3）开运算——先腐蚀再膨胀

cv2.morphologyEx(src，cv2.MORPH_OPEN，kernel)

开运算一般会平滑物体的轮廓、断开较窄的狭颈并消除细的凸出物。

4）闭运算——先膨胀再腐蚀

cv2.morphologyEx(src，cv2.MORPH_CLOSE，kernel)

闭运算同样也会平滑轮廓的一部分，但与开运算相反，它通常会弥合较窄的间断和细长的沟壑，消除小的孔洞，填补轮廓线中的断裂。

5）顶帽运算

tophat＝cv2.morphologyEx(src，cv2.MORPH_TOPHAT，kernel)

图像顶帽（或图像礼帽）运算是用原始图像减去图像开运算的结果，得到图像的噪声。

6）黑帽运算

blackhat＝cv2. morphologyEx(src，cv2. MORPH_BLACKHAT，kernel)

图像黑帽运算是用图像闭运算结果减去原始图像，得到图像内部的小孔，或者前景色中的小黑点。

图 3-7 所示为图像形态学处理代码示例。

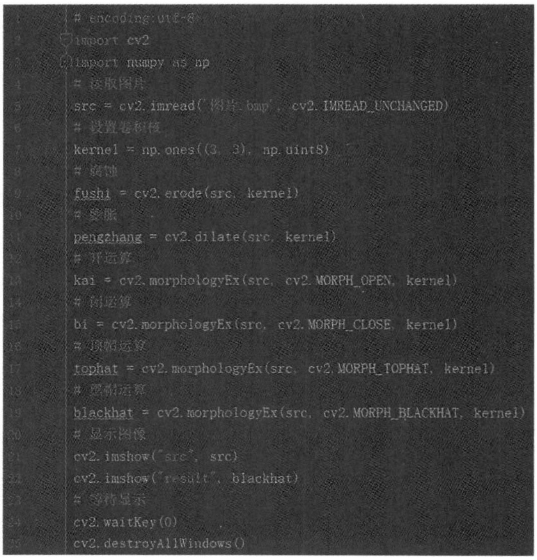

```
# encoding:utf-8
import cv2
import numpy as np
# 读取图片
src = cv2.imread('图片.bmp', cv2.IMREAD_UNCHANGED)
# 设置卷积核
kernel = np.ones((3, 3), np.uint8)
# 腐蚀
fushi = cv2.erode(src, kernel)
# 膨胀
pengzhang = cv2.dilate(src, kernel)
# 开运算
kai = cv2.morphologyEx(src, cv2.MORPH_OPEN, kernel)
# 闭运算
bi = cv2.morphologyEx(src, cv2.MORPH_CLOSE, kernel)
# 顶帽运算
tophat = cv2.morphologyEx(src, cv2.MORPH_TOPHAT, kernel)
# 黑帽运算
blackhat = cv2.morphologyEx(src, cv2.MORPH_BLACKHAT, kernel)
# 显示图像
cv2.imshow("src", src)
cv2.imshow("result", blackhat)
# 等待显示
cv2.waitKey(0)
cv2.destroyAllWindows()
```

图 3-7　形态学处理代码

课 后 习 题

1.简述图像处理所需要的准备工作。

2.图像阈值化所用到的常用函数有哪些？

3.简述图像平滑操作的实际作用。

4.为什么要进行形态学处理？

第4章　图像处理与识别

4.1　概述

在人工智能领域,图像处理技术有着非常重要的地位。图像处理技术是对图像进行一系列的分析加工处理以满足所需要求的技术,它是信号处理的子类,但处理的信号属于二维信号,相比于传统的一维信号具有一些新的性质,如连通性、旋转不变性等,这些性质只有在二维或更高维的情况下才具有意义。图像处理与识别技术对我国制造业的智能化推进工作有着重要的作用。依据《"十四五"智能制造发展规划》的要求,发展图像处理与识别技术能够有效帮助传统制造业企业实现数字化网络化转型升级,强化国家战略科技力量。

在实际处理工作中,图像清晰度问题是最常见也是最重要的,图像增强技术是解决此类问题的有效方法。图像增强技术是图像处理的基本手段,可以突出图像中的有用信息,常用的实现方法包括线性变换、伽马变换、局部自适应直方图均衡化等。而边缘检测技术则可以大幅度减少数据量,剔除不相关的信息,保留图像的重要结构属性。用于边缘检测的方法大致可分为基于查找和基于零穿越的方法,本书将详细介绍四种边缘检测算法:Sobel、Scharr、Laplacian、Canny。OpenCV 分类器的训练首先要收集和处理样本,然后才能生成训练分类器。

4.2　OpenCV 图像增强

图像增强是图像处理的最基本手段,它往往是各种图像分析与处理时的预处理过程。图像增强就是增强图像中用户感兴趣的信息,其主要目的有两个:一是改善图像的视觉效果,提高图像成分的清晰度;二是使图像变得更有利于计算机处理。图像增强主要解决由于图像的灰度级范围较小所造成的对比度较低的问题,目的就是将输出图像的灰度级放大到指定的程度,使得图像中的细节看起来更加清晰。对比度增强有几种常用的方法,如线性变换、分段线性变换、伽马变换、直方图正规化、直方图均衡化、局部自适应直方图均衡化等。

4.2.1　灰度直方图

在讲解图像增强的方法之前先来认识一下灰度直方图。灰度直方图是图像灰度级的函数,用来描述每个灰度级在图像矩阵中的像素个数或占有率。接下来使用程序实现直方图,图4-1 所示为灰度直方图代码。

```
1   import cv2 as cv
2   import numpy as np
3   import matplotlib.pyplot as plt
4   def calcGrayHist(I):
5       # 计算灰度直方图
6       h, w = I.shape[:2]
7       grayHist = np.zeros([256], np.uint64)
8       for i in range(h):
9           for j in range(w):
10              grayHist[I[i][j]] += 1
11      return grayHist
12  img = cv.imread("图片路径", 0)
13  grayHist = calcGrayHist(img)
14  x = np.arange(256)
15  # 绘制灰度直方图
16  plt.plot(x, grayHist, 'r', linewidth=2, c='black')
17  plt.xlabel("gray label")
18  plt.ylabel("number of pixels")
19  plt.show()
20  cv.imwrite("grayHist.jpg",grayHist)
```

图 4-1　灰度直方图代码

运行得到的效果如图 4-2 所示。

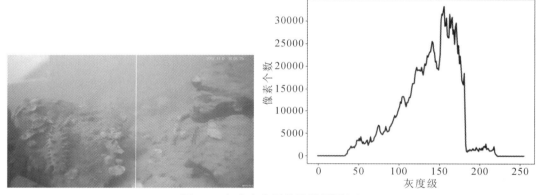

图 4-2　灰度直方图代码效果图(1)

Matplotlib 本身也提供了计算直方图的函数 hist,图 4-3 所示为由 Matplotlib 生成的直方图。

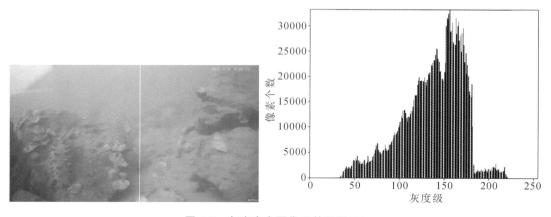

图 4-3　灰度直方图代码效果图(2)

图像的对比度是通过灰度级范围来度量的,而灰度级范围可通过观察灰度直方图得到。灰度级范围越大代表对比越高,反之对比度越低。低对比度的图像在视觉上给人的感觉是看起来不够清晰,所以通过算法调整图像的灰度值,从而调整图像的对比度是有必要的。最简单的一种对比度增强的方法是通过灰度值的线性变换实现的。

4.2.2　线性变换

假设输入图像为 I,宽为 W,高为 H,输出图像记为 O,则图像的线性变换可以用以下公式定义:

$$O(r,c) = a * I(r,c) + b, 0 \leqslant r < H, 0 \leqslant c < W \tag{4-1}$$

当 $a=1,b=0$ 时,O 为 I 的一个副本;如果 $a>1$,则输出图像 O 的对比度比 I 有所增大;如果 $0<a<1$,则 O 的对比度比 I 有所减小。而 b 值的改变影响的是输出图像的亮度,当 $b>0$ 时,亮度增加;当 $b<0$ 时,亮度减小。实现代码如图 4-4 所示。

```
import numpy as np
a = np.array([[0, 200], [23, 4]], np.uint8)
b = 2 * a
print(b.dtype)
print(b)
```

```
uint8
[[  0 144]
 [ 46   8]]
```

图 4-4　线性变换代码(1)

在图 4-4 所示代码中,输入的是一个 uint8 类型的 ndarray,用数字 2 乘以该数组,返回的 ndarray 的数据类型是 uint8。注意输出第 0 行第 1 列,200 * 2 应该等于 400,但是 400 超出了 uint8 的数据范围,这时 Numpy 通过模运算将其归到 uint8 的数据范围内,即 $400\%256=144$,从而转换成 uint8 类型。如果将常数 2 改为 2.0,虽然这个常数只是整型和浮点型的区别,但是结果却不一样。代码如图 4-5 所示。

```
import numpy as np
a = np.array([[0, 200], [23, 4]], np.uint8)
b = 2.0 * a
print(b.dtype)
print(b)
```

```
float64
[[  0. 400.]
 [ 46.   8.]]
```

图 4-5　线性变换代码(2)

可以发现返回的 ndarray 的数据类型变成了 float64,也就是说,相乘的常数是 2 还是 2.0 会导致返回的 ndarray 的数据类型不一样,从而造成 200 * 2 的返回值是 144,而 200 * 2.0 的返回值是 400。而对 8 位图进行对比度增强,线性变换计算出的输出值可能大于 255,需要将这些值截断为 255,而不是进行取模运算,所以不能简单地只是用“*”运算来实现线性变换。具体代码如图 4-6 所示。

线性变换前后的效果对比如图 4-7 所示。

```
import cv2 as cv
import numpy as np
import matplotlib.pyplot as plt
# 绘制直方图函数
def grayHist(img):
    h, w = img.shape[:2]
    pixelSequence = img.reshape([h * w, ])
    numberBins = 256
    histogram, bins, patch = plt.hist(pixelSequence, numberBins,
                                      facecolor='black', histtype='bar')
    plt.xlabel("gray label")
    plt.ylabel("number of pixels")
    plt.axis([0, 255, -0, np.max(histogram)])
    plt.show()
img = cv.imread("-1.jpg", 0)
out = 1.3 * img
# 进行数据截断，大于255的值截断为255
out[out > 255] = 255
# 数据类型转换
out = np.around(out)
out = out.astype(np.uint8)
cv.imwrite("img.jpg", img)
cv.imwrite("out.jpg", out)
```

图 4-6　线性变换代码(3)

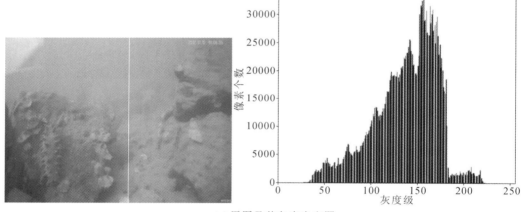

(a) 原图及其灰度直方图

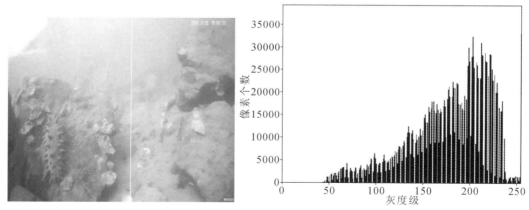

(b) 效果图及其灰度直方图

图 4-7　图像线性变换前后的效果对比

以上线性变换中对整个灰度级范围使用了相同的参数,有时需要针对不同灰度级范围进行不同的线性变换,这就是常用的分段线性变换。分段线性变换经常用于降低较亮或较暗区域的对比度来增强灰度级处于中间范围的对比度,或者压低中间灰度级处的对比度来增强较亮或较暗区域的对比度。对比度拉伸后的图像显然比原图能够更加清晰地显示更多的细节。

线性变换的参数需要根据不同的应用及图像自身的信息进行合理选择,可能需要进行多次测试,所以选择合适的参数是相当麻烦的。直方图正规化就是基于当前图像情况自动选取 a 和 b 的值的方法。

4.2.3　直方图正规化

假设输入图像为 I,宽为 W,高为 H,$I(r,c)$ 代表 I 的第 r 行第 c 列的灰度值,将 I 中出现的最小灰度级记为 I_{min},最大灰度级记为 I_{max},$I(r,c) \in [I_{min}, I_{max}]$,为使输出图像 O 的灰度级范围为 $[O_{min}, O_{max}]$,$I(r,c)$ 和 $O(r,c)$ 做以下映射关系:

$$O(r,c) = \frac{O_{max} - O_{min}}{I_{max} - I_{min}}(I(r,c) - I_{min}) + O_{min}, 0 \leqslant r < H, 0 \leqslant c < W \qquad (4-2)$$

这个过程就是直方图正规化。直方图正规化是一种自动选取 a 和 b 的值的线性变换方法,其中:

$$a = \frac{O_{max} - O_{min}}{I_{max} - I_{min}}, \quad b = O_{min} - \frac{O_{max} - O_{min}}{I_{max} - I_{min}} * I_{min} \qquad (4-3)$$

下面使用 Python 代码实现直方图正规化,如图 4-8 所示。

```python
import cv2 as cv
import numpy as np
# 绘制直方图函数
img = cv.imread("1-1.jpg", 0)
# 计算原图中出现的最小灰度级和最大灰度级
# 使用函数计算
Imin, Imax = cv.minMaxLoc(img)[:2]
Omin, Omax = 0, 255
# 计算a和b的值
a = float(Omax - Omin) / (Imax - Imin)
b = Omin - a * Imin
out = a * img + b
out = out.astype(np.uint8)
cv.imshow("img", img)
cv.imwrite("img2.jpg", img)
cv.imshow("out", out)
cv.imwrite("out2.jpg", out)
cv.waitKey()
```

图 4-8　直方图正规化代码

直方图正规化的效果如图 4-9 所示。

图 4-9　直方图正规化的效果

4.2.4　伽马变换

假设输入图像为 I，宽为 W，高为 H，首先将其灰度值归一化到 $[0,1]$ 范围，对于 8 位图来说，除以 255 即可。$I(r,c)$ 代表归一化后的第 r 行第 c 列的灰度值，输出图像记为 O，伽马变换就是

$$O(r,c) = I(r,c)^{\gamma}, 0 \leqslant r < H, 0 \leqslant c < W \tag{4-4}$$

当 $\gamma=1$ 时，图像不变。如果图像整体或者感兴趣区域较暗，则令 $0<\gamma<1$ 可以增加图像对比度；相反，如果图像整体或者感兴趣区域较亮，则令 $\gamma>1$ 可以降低图像对比度。图像的伽马变换实质上是对图像矩阵中的每一个值进行幂运算，Numpy 提供的幂函数 power 可实现该功能，实现代码如图 4-10 所示。

```python
import cv2 as cv
import numpy as np
# 绘制直方图函数
img = cv.imread("3.jpg", 0)
# 图像归一化
fi = img / 255.0
# 伽马变换
gamma = 0.6
out = np.power(fi, gamma)
cv.imshow("out", out)
cv.imshow("img", img)
cv.waitKey()
```

图 4-10　伽马变换代码

伽马变换的效果如图 4-11 所示。

伽马变换在提升对比度上有比较好的效果，但是需要手动调节 γ 值。下面介绍一种利用图像的直方图自动调节图像对比度的方法。

图 4-11　伽马变换的效果

4.2.5　全局直方图均衡化

直方图均衡化的实现主要分为四个步骤：

（1）计算图像的灰度直方图；

（2）计算灰度直方图的累加概率直方图；

（3）建立输入灰度级和输出灰度级之间的映射关系；

（4）根据映射关系循环输出图像的每一个像素的灰度级。

其中的映射关系是

$$q = \frac{\sum_{k=0}^{p} \mathrm{hist}_I(k)}{H * W} * 256 - 1 \tag{4-5}$$

式中：q 为输出的像素，p 为输入的像素。全局直方图均衡化是先计算得到灰度直方图的累加概率直方图（范围在 $0\sim1$ 之间），再将此范围放大至 $0\sim255$，从而得到输出图像的像素。下面使用程序来实现，如图 4-12 所示。

```python
def equalHist(img):
    # 计算图像的内容
    h, w = img.shape
    grayHist = calcGrayHist(img)
    zeroCumuMoment = np.zeros([256], np.uint32)
    for p in range(256):
        if p == 0:
            zeroCumuMoment[p] = grayHist[0]
        else:
            zeroCumuMoment[p] = zeroCumuMoment[p - 1] + grayHist[p]
    # 根据灰度级和输出灰度级之间的映射关系
    outPut_q = np.zeros([256], np.uint8)
    cofficient = 256.0 / (h * w)
    for p in range(256):
        q = cofficient * float(zeroCumuMoment[p]) - 1
        if q >= 0:
            outPut_q[p] = math.floor(q)
        else:
            outPut_q[p] = 0
    # 得到直方图均衡化后的图像
    equalHistImage = np.zeros(img.shape, np.uint8)
    for i in range(h):
        for j in range(w):
            equalHistImage[i][j] = outPut_q[img[i][j]]
    return equalHistImage

img = cv.imread("../testImages/A/img1.jpg", 0)
# 使用自己写的函数来实现
equa = equalHist(blur)
# grayHist(img, equa)
# 使用OpenCV提供的库函数来实现
# equa = cv.equalizeHist(img)
cv.imshow("img", img)
cv.imshow("equa", equa)
cv.waitKey()
```

图 4-12　全局直方图均衡化代码

理解了上述代码，就可以轻松掌握 OpenCV 提供的函数 equalizeHist()了。该函数使用方法很简单，只支持对 8 位图的处理。虽然全局直方图均衡化方法对提高对比度很有效，但是均衡化处理以后暗区域的噪声可能会被放大，变得清晰可见，而亮区域的信息可能会损失。为了解决该问题，提出了自适应直方图均衡化（adaptive histogram equalization）方法。

上述全局直方图均衡化代码的效果如图 4-13 所示。

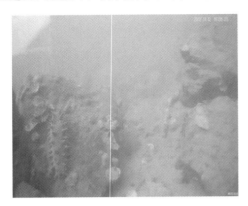

图 4-13　全局直方图均衡化的效果

4.2.6　限制对比度的自适应直方图均衡化

自适应直方图均衡化首先将图像划分为不重叠的区域块,然后对每一个块分别进行直方图均衡化。显然,在没有噪声影响的情况下,每一个小区域的灰度直方图会被限制在一个小的灰度级范围内;但是如果有噪声,每一个分割的区域块执行直方图均衡化后,噪声会被放大。为了避免出现噪声放大的情况,提出了“限制对比度”(contrast limiting),如果直方图的 bin(直条)超过了提前预设好的“限制对比度”,那么会被裁剪,然后将裁剪的部分均匀分布到其他的 bin,这样就重构了直方图。OpenCV 实现的限制对比度的自适应直方图均衡化代码如图4-14所示,实现的效果如图 4-15 所示。

```
import cv2 as cv

img = cv.imread("1-1.jpg", 0)
img = cv.resize(img, None, fx=0.5, fy=0.5)
# 创建CLAHE对象
clahe = cv.createCLAHE(clipLimit=2.0, tileGridSize=(8, 8))
# 限制对比度的自适应阈值均衡化
dst = clahe.apply(img)
# 使用全局直方图均衡化
equa = cv.equalizeHist(img)
# 分别显示原图、CLAHE、HE
cv.imshow("img", img)
cv.imwrite("img6.jpg", img)
cv.imshow("dst", dst)
cv.imwrite("img7.jpg", dst)
cv.imshow("equa", equa)
cv.imwrite("img8.jpg", equa)
```

图 4-14　限制对比度的自适应直方图均衡化代码

图 4-15 显示了对原图进行限制对比度自适应直方图均衡化(CLAHE)和全局直方图均衡化(HE)的效果,发现原图中比较亮的区域经过 HE 处理后出现了失真的情况,而且出现了明

显的噪声,而 CLAHE 处理避免了这两种情况。

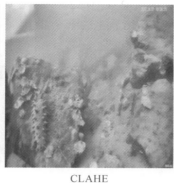

| 原图 | CLAHE | HE |

图 4-15　直方图均衡化的效果对比

4.3　OpenCV 图像边缘检测

边缘检测是图像处理和计算机视觉中的基本问题,边缘检测的目的是标识数字图像中亮度变化明显的点。图像属性中的显著变化通常反映了属性的重要事件和变化。边缘检测是特征提取中的一个研究领域。

图像边缘检测大幅度地减少了数据量,并且剔除了认为不相关的信息,保留了图像重要的结构属性。有许多方法用于边缘检测,它们中的绝大部分可以划分为两类,即基于查找的一类和基于零穿越的一类。基于查找的方法通过寻找图像一阶导数中的最大值和最小值来检测边界,通常将边界定位在梯度最大的方向。基于零穿越的方法通过寻找图像二阶导数零穿越来检测边界。如果将边缘界定为一定数量点的亮度发生变化的地方,那么边缘检测大体上就是计算这个亮度变化的导数。基于查找的边缘检测方法首先计算边缘强度,通常用一阶导数表示,例如梯度模,然后用计算估计边缘的局部方向,通常采用梯度的方向,并利用此方向找到局部梯度模的最大值。基于零穿越的方法通过由图像得到的二阶导数的零穿越点来定位边缘,通常用拉普拉斯算子或非线性微分方程的零穿越点。滤波作为边缘检测的预处理通常是必要的,一般采用高斯滤波。

4.3.1　Sobel 边缘检测算子

Sobel 边缘检测算法比较简单,实际应用中效率比 Canny 边缘检测的效率要高,但是边缘不如 Canny 检测算法的准确,然而在很多实际应用的场合,Sobel 边缘却是首选。Sobel 算子是高斯平滑与微分操作的结合体,所以其抗噪声能力很强,用途较多。Sobel 算子是一种带有方向的过滤器,OpenCV 中 Sobel 算子的函数为 cv2. Sobel()。

Sobel_x_or_y = cv2.Sobel (src, ddepth, dx, dy, dst, ksize, scale, delta, borderType)

其中,dst 及 dst 之后的参数都是可选参数。第一个参数是传入的图像,第二个参数是图像的深度,dx 和 dy 指的是求导的阶数,0 表示这个方向上没有求导,所填的数一般为 0、1、2。

ksize 是 Sobel 算子的大小,即卷积核的大小,必须为奇数 1、3、5、7。如果 ksize=－1,就演变成为 3×3 的 Scharr 算子。scale 是缩放导数的比例常数,默认情况为没有伸缩系数。borderType 是判断图像边界的模式,这个参数默认值为 cv2.BORDER_DEFAULT。

图 4-16 所示为 Sobel 边缘检测算子代码。

```
import cv2 as cv
# Sobel边缘检测算子
img = cv.imread('图片.jpg', 0)
x = cv.Sobel(img, cv.CV_16S, 1, 0)
y = cv.Sobel(img, cv.CV_16S, 0, 1)
# cv2.convertScaleAbs(src[, dst[, alpha[, beta]]])
# 可选参数alpha是伸缩系数,beta是加到结果上的一个值,结果返回uint类型的图像
Scale_absX = cv.convertScaleAbs(x)  # convert 转换  scale 缩放
Scale_absY = cv.convertScaleAbs(y)
result = cv.addWeighted(Scale_absX, 0.5, Scale_absY, 0.5, 0)
cv.imshow('img', img)
cv.imshow('Scale_absX', Scale_absX)
cv.imshow('Scale_absY', Scale_absY)
cv.imshow('result', result)
cv.imwrite("img.jpg", img)
cv.imwrite('Scale_absX.jpg', Scale_absX)
cv.imwrite('Scale_absY.jpg', Scale_absY)
cv.imwrite('result.jpg', result)
cv.waitKey(0)
cv.destroyAllWindows()
```

图 4-16　Sobel 边缘检测算子代码

Sobel 函数求完导数后会有负值,还会有大于 255 的值。而原图像数据是 uint8 类型,即 8 位无符号数,所以 Sobel 函数建立的图像位数不够,会有截断,因此要使用 16 位有符号的数据类型,即 cv2.CV_16S。图像处理完后,再使用 cv2.convertScaleAbs()函数将其转回原来的 uint8 格式,否则图像无法显示。

Sobel 算子是在两个方向计算的,最后还需要用 cv2.addWeighted()函数将其组合起来。在上述代码中 alpha 是第一个图像中元素的权重,beta 是第二个图像的权重。

图 4-17 所示为 Sobel 边缘检测算子代码得到的效果。

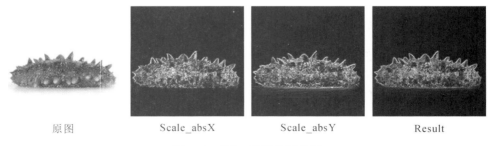

原图　　　　　　Scale_absX　　　　　　Scale_absY　　　　　　Result

图 4-17　Sobel 边缘检测效果

4.3.2   Scharr 边缘检测算子

由 Sobel 算子可知,当 Sobel()函数的参数 ksize＝－1 时,就演变成了 3×3 的 Scharr 算子,其实现代码如图 4-18 所示,检测效果如图 4-19 所示。

```
import cv2 as cv
# Scharr算子
img = cv.imread('图片.jpg', 0)
x = cv.Sobel(img, cv.CV_16S, 1, 0, ksize=-1)
y = cv.Sobel(img, cv.CV_16S, 0, 1, ksize=-1)
# ksize=-1 Scharr算子
# cv2.convertScaleAbs(src[, dst[, alpha[, beta]]])
# 可选参数alpha是伸缩系数,beta是加到结果上的一个值,结果返回uint类型的图像
Scharr_absX = cv.convertScaleAbs(x)  # convert 转换  scale 缩放
Scharr_absY = cv.convertScaleAbs(y)
result = cv.addWeighted(Scharr_absX, 0.5, Scharr_absY, 0.5, 0)
cv.imshow('img', img)
cv.imshow('Scharr_absX', Scharr_absX)
cv.imshow('Scharr_absY', Scharr_absY)
cv.imshow('result', result)
cv.imwrite('img.jpg', img)
cv.imwrite('Scharr_absX.jpg', Scharr_absX)
cv.imwrite('Scharr_absY.jpg', Scharr_absY)
cv.imwrite('result.jpg', result)
cv.waitKey(0)
cv.destroyAllWindows()
```

图 4-18   Scharr 算子代码

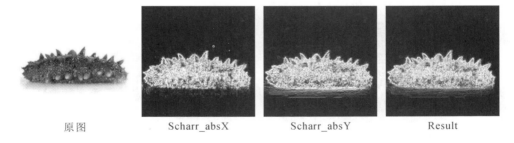

原图   Scharr_absX   Scharr_absY   Result

图 4-19   Scharr 边缘检测效果

从 Scharr 算子与 Sobel 算子最终的检测结果比较可以看出,Scharr 算子对图像梯度的变化更加敏感。

4.3.3   Laplacian 算子

Laplacian 算子是先用 Sobel 算子计算 x 和 y 的二阶导数,再求和,即

$$\text{Laplacian}(I) = \frac{\partial^2 I}{\partial x^2} + \frac{\partial^2 I}{\partial y^2} \tag{4-6}$$

45

Laplacian 函数如下：

Laplacian = cv2.Laplacian （src, ddepth[, dst[, ksize[, scale[, delta[, borderType]]]]]）

前两个参数是必选参数，其后是可选参数。第一个参数是需要处理的图像，第二个参数是图像的深度，一1 表示采用的是原图像相同的深度，目标图像的深度必须大于或等于原图像的深度。ksize 是算子的大小，即卷积核的大小，必须为 1、3、5、7，默认为 1。scale 是缩放导数的比例常数，默认情况下没有伸缩系数。borderType 是判断图像边界的模式，这个参数默认值为 cv2.BORDER_DEFAULT。

图 4-20 所示为 Laplacian 算子代码。

```
import cv2
# 拉普拉斯算子
img = cv2.imread('图片.jpg', 0)
laplacian = cv2.Laplacian(img, cv2.CV_16S, ksize=3)
dst = cv2.convertScaleAbs(laplacian)
cv2.imshow('laplacian', dst)
cv2.imwrite('laplacian.jpg', dst)
cv2.waitKey(0)
cv2.destroyAllWindows()
```

图 4-20　Laplacian 算子代码

当 ksize＝3 时的效果如图 4-21 所示。

当 ksize＝1 时的效果如图 4-22 所示。

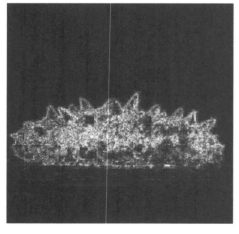

图 4-21　Laplacian 检测效果（1）

图 4-22　Laplacian 检测效果（2）

当 ksize＝5 时的效果如图 4-23 所示。

当 ksize＝7 时的效果如图 4-24 所示。

图 4-23   Laplacian 检测效果（3）

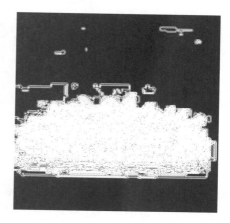

图 4-24   Laplacian 检测效果（4）

由以上效果图可见，当参数 ksize 越大即卷积核越大时，Laplacian 算子对图像梯度的变化越敏感。当 ksize＝3 时图像效果还不是很好，经过高斯模糊处理可去掉很多噪声，如图 4-25所示。

```
blur = cv2.GaussianBlur（img，（3，3），0）
laplacian = cv2.Laplacian（blur, cv2.CV_16S, ksize=3）
```

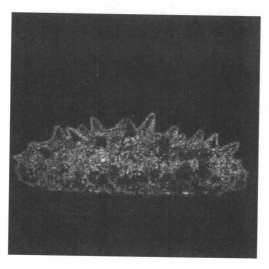

图 4-25   Laplacian 检测效果（5）

4.3.4   Canny 算子

图像边缘检测必须满足两个条件，一是能有效地抑制噪声；二是必须尽量精确确定边缘的位置。通过对信噪比与定位的乘积进行测度，可得到最优化逼近算子。这就是 Canny 边缘检测算子。

Canny 算法的基本步骤如下：

（1）用高斯滤波器平滑图像；

（2）用一阶偏导的有限差分来计算梯度的幅值和方向；

（3）对梯度幅值进行非极大抑制；

（4）用双阈值算法检测和连接边缘。

canny = cv2.Canny（image，threshold1，threshold2[，edge[，apertureSize[，L2gradient]]]）

第一个参数是需要处理的原图像单通道的灰度图。第二个参数是阈值 1，第三个参数是阈值 2。较大的阈值 2 用于检测图像中明显的边缘，但一般情况下检测的效果不会那么完美，检测出来的边缘是断断续续的，这时就用较小的阈值 1 来将这些间断的边缘连接起来。可选参数中 apertureSize 参数表示卷积核的大小，而参数 L2gradient 是一个布尔量，如果为 true，就使用更精确的 L2 范数进行计算，否则使用 L1 范数。

图 4-26 所示为 Canny 算子代码，相应的检测效果如图 4-27 所示。

```
import cv2
# canny算子
img = cv2.imread('图片.jpg', 0)
blur = cv2.GaussianBlur(img, (3, 3), 0)  # 用高斯滤波处理原图像降噪
canny = cv2.Canny(blur, 50, 150)  # 50是最小阈值,150是最大阈值
cv2.imshow('canny', canny)
cv2.imwrite('canny.jpg', canny)
cv2.waitKey(0)
cv2.destroyAllWindows()
```

图 4-26　Canny 算子代码

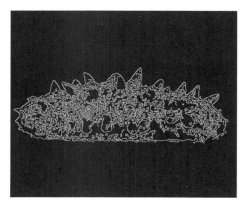

图 4-27　Canny 检测效果

4.4　OpenCV 分类器的训练

1.收集和处理样本

需要的图像数据分为正样本和负样本，正样本为水下机器人采集的海参图片，如图 4-28 所示。关于负样本，只要不含有正样本图片即可，最好是识别场景的图片。在 opencv_workspace 文件夹下创建文件夹 pos,将正样本放到 pos 下。

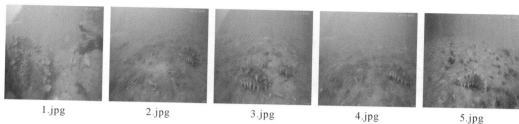

图 4-28　正样本

将正样本图片转为灰度图,并剪成合适的尺寸,方便后续处理。创建 1.py 文件,放进下面的代码并运行。

```
import cv2
for i in range（1, 6）:#批量处理照片
    img = cv2.imread（'pos'+str（i）+'.jpg', cv2.IMREAD_GRAYSCALE）
    #读入照片，并转灰度
    cv2.imwrite（'pos/'+str（i）+'.jpg', img）#保存图片
print（'批量转灰度成功!'）
```

图片转换效果如图 4-29 所示:

图 4-29　正样本灰度图

对负样本也进行相同处理,如图 4-30 所示。将负样本文件夹 neg 放到 opencv-workspace 文件夹下即可。

图 4-30　负样本灰度图

2. 生成正负样本描述文件

建立 . py 文件,把下面的代码拷贝进去,运行得到 info. txt 文件,即正样本描述文件。

```python
import os
def create_pos_n_neg():
    for file_type in ['pos']:
#此处修改pos或neg即可生成正负样本的描述文件
#pos是生成正样本描述文件info.txt
        for img in os.listdir(file_type):
            if (file_type == 'neg'):
                line = file_type + '/' + img + '\n'
                with open('bg.txt', 'a') as f:
                    f.write(line)
            elif (file_type == 'pos'):
                line = file_type + '/' + img + '1 0 0 50 50\n'
                with open('info.txt', 'a') as f:
                    f.write(line)

if __name__ == '__main__':
    create_pos_n_neg()
    print('正样本描述文件info.txt已生成')
```

生成正样本描述文件 info. txt,效果如图 4-31 所示。

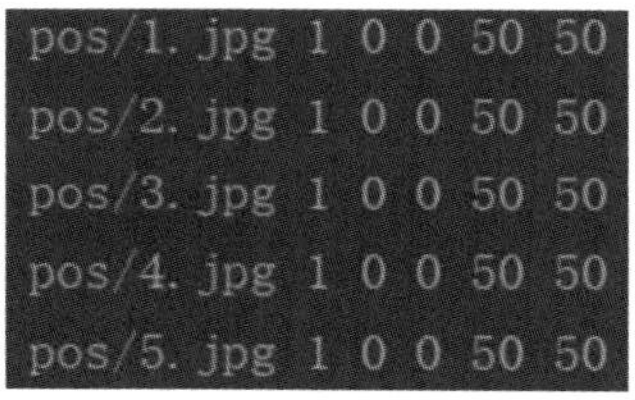

pos/1. jpg 1 0 0 50 50
pos/2. jpg 1 0 0 50 50
pos/3. jpg 1 0 0 50 50
pos/4. jpg 1 0 0 50 50
pos/5. jpg 1 0 0 50 50

图 4-31 正样本描述文件

建立 . py 文件,把下面的代码拷贝进去,运行得到 bg. txt 文件,即负样本描述文件。

```python
import os
def create_pos_n_neg():
    for file_type in ['neg']:
#此处修改pos或neg即可生成正负样本的描述文件
#neg是生成负样本描述文件bg.txt
        for img in os.listdir(file_type):
            if (file_type == 'neg'):
                line = file_type + '/' + img + '\n'
                with open('bg.txt', 'a') as f:
                    f.write(line)
            elif (file_type == 'pos'):
                line = file_type + '/' + img + '1 0 0 50 50/n'
                with open('info.txt', 'a') as f:
                    f.write(line)

if __name__ == '__main__':
    create_pos_n_neg()
    print('负样本描述文件bg.txt已生成')
```

生成负样本描述文件 bg.txt,效果如图 4-32 所示。

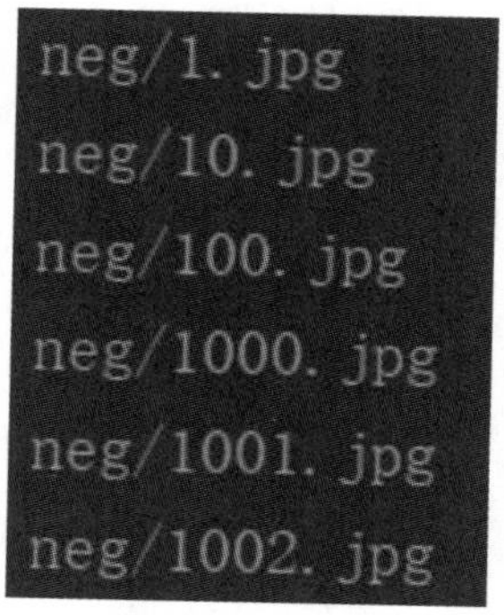

```
neg/1. jpg
neg/10. jpg
neg/100. jpg
neg/1000. jpg
neg/1001. jpg
neg/1002. jpg
```

图 4-32　负样本描述文件

3. 训练分类器

首先生成 positives.vec 文件。在当前目录打开控制台程序,输入:

```
$popencv_createsamples- info info.txt-50 -w50 -h50 -vec positives.ves
```

其中,-info 字段填写正样本描述文件;-num 指定正样本的数目;-w 和-h 分别指定正样本的宽和高(-w 和-h 越大,训练耗时越长);-vec 用于保存制作的正样本。

```
$mkdir  data #用于存储Cascade分类器数据
```

接着训练分类器,输入:

```
$opencv_traincascade-data data-vec positives.vec-bg bg.tst-numPos4-numStages16-w50-h50
```

字段说明如下:

-data data:训练后 data 目录下会存储训练过程中生成的文件;

-vec positives.vec:positives.vec 是通过 opencv_createsamples 生成的 vec 文件;

-bg bg.tst:bg.txt 是负样本文件的数据;

-numPos:正样本的数目,这个数值一定要比准备的正样本数目少,不然会提示 can not get new positive sample;

-numStages:训练分类器的级数;

-w 50:必须与 opencv_createsample 中使用的-w 值一致;

-h 50:必须与 opencv_createsample 中使用的-h 值一致。

注:-w 和-h 的大小对训练时间的影响非常大。

若训练成功,进入 data 文件夹下,就可以看到训练生成的 xml 文件 cascade.xml。

4. 使用生成的 xml 文件进行识别

将需要识别的照片(命名为 test.jpg)放到 opencv_createsamples 文件夹下,并在 opencv_createsamples 文件夹下创建.py 文件,再将以下代码拷贝进去。

```
import cv2
watch cascade = cv2.CascadeClassifier（'/home/pi/opencv_createsamples/data/cascade.xml'）
#分类器路径
img = cv2.imread（'test.jpg'）#需要识别的照片，放到opencv_createsamples文件夹下
gray = cv2.cvtColor（img, cv2.COLOR_BGR2GRAY）
watches = watch_cascade.detectMultiScale（gray）
for（x, y, w, h）in watches:
    cv2.rectangle（img,（x, y）,（x+w, y+h）,（0, 255, 0）, 2）
    #建立方框,（0, 255, 0）表示绿色
    roi_gray = gray [y:y+h, x:x+w]
    roi_color = img [y:y+h, x:x+w]
cv2.imshow（'识别窗口', img）
k = cv2.waitKey（0）
```

运行代码,如果识别的照片太大,运行下面的程序调整一下:

```
import cv2
img = cv2.imread（'test.jpg'）#读入照片
imgl = cv2.resize（img,（300, 300））#调整大小
cv2.imwrite（'test.jpg', imgl）#保存图片
print（'调整成功！'）
```

识别效果如图 4-33 所示。

图 4-33 识别效果图

课 后 习 题

1. 简述图像增强的方法及其各自的优点。

2. 图像边缘检测有什么优点,检测的方法有哪些?

3. Canny 算法的基本步骤有哪些?

4. 请根据课本中的实例进行 OpenCV 分类器训练的练习。

第5章 单目视觉

5.1 概述

科技作为全面建设社会主义现代化国家的基础性、战略性支撑,对于国家综合实力发展至关重要。我国坚持创新驱动的发展策略,经过多年努力,前沿技术不断成熟。近年来,由于在无人机、无人车等领域不断取得重要技术突破,相关产业快速发展,需要用到实时测距的场景也越来越多,如定位、避障、测速等。距离的获取是一个很广泛的课题,用摄像头来测距是其中一个常见的研究方向,包括单目测距、双目测距、结构光测距等方法。单目视觉测量利用单个摄像头进行拍摄并在图像中找到待测物体进行测距。这一系列动作涉及物体的识别、相机的结构及坐标变换的相关知识。

单目视觉系统的硬件构成包括标定模块、单目摄像机、三脚架与计算机,结构简单,便于携带,标定和测量精度较高。标定模块用来完成对待测目标的定位,目的是消除畸变且得到内外参数,模型的参数确定过程为摄像机标定。摄像机模型一般涉及四个坐标系,分别是图像像素坐标系、图像物理坐标系、摄像机坐标系和世界坐标系。不同坐标系有不同的表示方法,但都对图像恢复和信息重构有重要作用。标定尺检测的主要目的是自动提取标定点的图像坐标,起始点追踪标定是固定步长对整幅图像进行线扫描;图形边界检测是通过对图像局部进行扫描,逆时针追踪所有外边界点。

本章将以线性摄像机模型为例为读者进行详细说明。

5.2 单目视觉系统的硬件组成

单目测量是指仅利用一台摄像机拍摄单张图像来进行测量工作,其优点是结构简单、携带及标定方便、测量精度较高等。单目视觉测距一般采用对应点标定法来获取图像的深度信息,对应点标定法通过不同坐标系中对应点的对应坐标求解坐标系的转换关系。但由于受器材限制,对应点标定法在标定过程中,仍无法做到十分精确地记录一个点在世界坐标系和图像坐标系中的对应坐标。如果坐标不够精确,那么得到的转换矩阵的精确度也会受到制约,坐标转换结果的精度也会因此而波动。由于对应点标定法对摄像机的标定是在摄像机的各个角度及高度已经确定的情况下进行的,因此当摄像机的任何一个参数发生变化时都要重新进行标定,以得到在对应具体情况下的转换矩阵。而对应用在移动载体上的摄像机来说,由于摄像机载体在运动过程中会使摄像机的参数发生变化,因此对应点标定法的使用也受到了限制。

单目视觉系统的硬件构成如图 5-1 所示,包括以下内容。

(1)标定模板。根据标定方法的不同选择不同的标定模板。由于单目视觉技术只适用于空间二维平面,因此必须保证标定模板与待测物放置于同一平面。

（2）单目摄像机。用于图像采集。

（3）三脚架。用来调整摄像机的高度及视角,也可以手持拍摄,不用三脚架。

（4）计算机。用来进行图像的存储、处理和保存。

图 5-1　单目视觉系统构成图

如今一台平板电脑加一个标定板,就可以替代上述硬件装置,单目测量变得更加方便。本章依托的单目测量系统就是基于平板电脑的便携式系统。配套的标定尺和标识点分别如图 5-2 和图 5-3 所示。

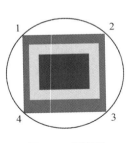

图 5-2　标定尺

图 5-3　标识点

为了方便自动检测标定尺和标识点,本系统设计了蓝、黄、红三色组合的标定尺(图 5-2)和作为检测目标的标识点(图 5-3)。标定尺的蓝黄边界为长、宽各 80 cm 的正方形,检测出该正方形的 4 个角作为标定数据。标识点为边长 20 cm 的正方形,标识点蓝黄边界指向下方的交点,作为检测的目标点。在测量时,将斜向下的黄色角点放在待测目标的位置,通过在图像中检测该黄色角点的位置,完成对待测目标的定位。

5.3　摄像机模型

在机器视觉中,物体在世界坐标系下的三维空间位置到成像平面的投影可以用一种几何模型来表示,这种几何模型将图像的 2D 坐标与现实空间中的 3D 坐标联系在一起,这就是常说的摄像机模型。

5.3.1　坐标系参照

在摄像机模型中,一般要涉及四种坐标系:图像像素坐标系、图像物理坐标系、摄像机坐标系、世界坐标系。了解这四个坐标系的意义及其关系对图像恢复和信息重构有重要作用。

（1）图像像素坐标系。数字图像在计算机中以离散化的像素点的形式表示,图像中每个像素点的亮度值或灰度值以数组的形式存储在计算机中。图像像素坐标系以图像左上角的像素点为坐标原点,建立以像素为单位的平面直角坐标系,其中每个像素点在该坐标系下的坐标值表示该点在图像平面中与图像左上角像素点的相对位置。

（2）图像物理坐标系。图像物理坐标系是在图像中建立的以相机光轴与图像平面的交点（一般位于图像中心处）为原点、以物理单位（如毫米）表示的平面直角坐标系,如图 5-4 中的坐标系 XOY。像素点在该坐标系下的坐标值可以体现该点在图像中的物理位置。

（3）摄像机坐标系。图 5-4 中,坐标原点 O_c 与 X_c 轴、Y_c 轴、Z_c 轴构成的三维坐标系为摄像机坐标系,其中,O_c 为相机的光心,X_c 轴、Y_c 轴与图像物理坐标系的 X 轴、Y 轴平行,Z_c 轴为相机光轴,与图像平面垂直。

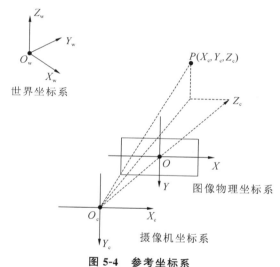

图 5-4　参考坐标系

（4）世界坐标系。世界坐标系是根据现实环境选择的三维坐标系,摄像机和场景的真实位置坐标都是相对于该坐标系的。世界坐标系一般用 O_w 点和 X_w 轴、Y_w 轴和 Z_w 轴来描述,可根据实际情况任意选取。

以上摄像机模型所涉及的四个坐标系中,最受关注的是世界坐标系和图像像素坐标系。

5.3.2　模型分析

三维计算机视觉系统应能从摄像机获得的图像信息出发计算三维环境的位置、形状等几何信息,并由此识别环境中的物体图像上每一点的亮度,其反映了空间物体表面某点反射光的强度,而该点在图像上的位置则与空间物体表面相应点的几何位置有关。这些位置的相互关系由摄像机成像几何模型所决定,该几何模型的参数确定过程称为摄像机标定。摄像机模型是光学成像几何关系的简化,最简单的模型是线性模型或称为针孔模型。但是对于广角镜头,线性模型不能准确地描述成像关系,此时就需要对摄像机进行非线性标定。

在线性模型中,物点、相机光心、像点三点共线,如图5-5所示。空间点和光心的连线与成像平面的交点就是其对应的像点。一个物点在成像平面上有唯一的像点与之对应。场景中任意点 P 的图像像素坐标与世界坐标之间的关系可用齐次坐标和矩阵的形式表示为式(5-1)。

$$Z_c \begin{bmatrix} u \\ v \\ 1 \end{bmatrix} = \begin{bmatrix} \dfrac{1}{\mathrm{d}x} & 0 & u_0 \\ 0 & \dfrac{1}{\mathrm{d}y} & v_0 \\ 0 & 0 & 1 \end{bmatrix} \begin{bmatrix} f & 0 & 0 & 0 \\ 0 & f & 0 & 0 \\ 0 & 0 & 1 & 0 \end{bmatrix} \begin{bmatrix} \boldsymbol{R} & \boldsymbol{T} \\ \boldsymbol{0}^{\mathrm{T}} & 1 \end{bmatrix} \begin{bmatrix} X_w \\ Y_w \\ Z_w \\ 1 \end{bmatrix}$$

$$(5-1)$$

$$= \begin{bmatrix} f_x & 0 & u_0 & 0 \\ 0 & f_y & v_0 & 0 \\ 0 & 0 & 1 & 0 \end{bmatrix} \begin{bmatrix} \boldsymbol{R} & \boldsymbol{T} \\ \boldsymbol{0}^{\mathrm{T}} & 1 \end{bmatrix} \begin{bmatrix} X_w \\ Y_w \\ Z_w \\ 1 \end{bmatrix} = \boldsymbol{M}_1 \boldsymbol{M}_2 \boldsymbol{X}_w = \boldsymbol{M} \boldsymbol{X}_w$$

其中,(u,v) 为点 P 在图像平面上投影点的图像像素坐标,$\boldsymbol{X}_w = [X_w\ Y_w\ Z_w\ 1]^{\mathrm{T}}$ 描述其世界坐标。$f_x = f/\mathrm{d}x$,为相机在 x 方向上的焦距;$f_y = f/\mathrm{d}y$,为相机在 y 方向上的焦距。$\boldsymbol{M}_1$ 中的参数 f_x、f_y、u_0、v_0 都与相机自身的内部结构相关,因此称为内部参数,$\boldsymbol{M}_1$ 为内参矩阵。$\boldsymbol{M}_2$ 中的旋转矩阵 $\boldsymbol{R}$ 与平移向量 $\boldsymbol{T}$ 表现的是相机相对于世界坐标系的位置,因此称为外部参数,$\boldsymbol{M}_2$ 为外参矩阵。$\boldsymbol{M}$ 为 $\boldsymbol{M}_1$ 与 $\boldsymbol{M}_2$ 的乘积,是一个 3×4 的矩阵,称为投影矩阵,该矩阵可体现任意空间点的图像像素坐标与世界坐标之间的关系。

通过式(5-1)可知,若已知投影矩阵 $\boldsymbol{M}$ 和空间点世界坐标 $\boldsymbol{X}_w$,则可求得空间点的图像像素坐标 (u,v),因此,在线性模型中,一个物点在成像平面上对应唯一的像点。但反过来,若已知像点坐标 (u,v) 和投影矩阵 $\boldsymbol{M}$,代入式(5-1),只能得到关于 $\boldsymbol{X}_w$ 的两个线性方程,这两个线性方程表示的是像点和光心的连线,即连线上所有点都对应着该像点。

要获取待测目标的距离参数,关键之一是从二维图像中还原待测目标在三维场景中的坐标信息。而由以上讨论可知,在线性模型中,一个像点对应的物体并不具有唯一性,所以仅仅通过一张图片就复现三维图像是不现实的。但是,在许多场景下待测目标都可近似看成位于同一平面,这时只需建立待测目标所在平面(以下简称"世界平面")与图像平面之间的对应关系即可实现对待测目标的三维重建。如图5-5所示,线性摄像机模型也可简化成平面摄像机模型。

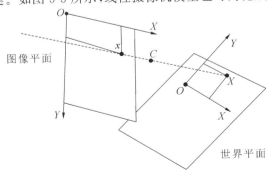

图 5-5　平面摄像机模型

在图 5-5 中，C 为相机光心，即针孔成像中的针孔。空间点 X 在图像平面上的对应点为像点 x，令 $X=[X\ Y\ Z\ 1]$、$x=[x\ y\ 1]$ 分别表示空间点在世界坐标系和图像像素坐标系下的齐次坐标，则根据式(5-1)变换可得以下关系式：

$$\lambda x = PX \tag{5-2}$$

式中，P 为 3×4 的矩阵，$\lambda\in R$ 是与齐次世界坐标 X 有关的比例缩放因子。将世界坐标系的原点、X 轴、Y 轴设置在待测平面上，则 Z 轴与待测平面垂直，齐次坐标 X 可简化为 $[X\ Y\ 0\ 1]$，代入式(5-2)得：

$$\lambda\begin{bmatrix} x \\ y \\ 1 \end{bmatrix} = \begin{bmatrix} P_1 & P_2 & P_3 & P_4 \end{bmatrix}\begin{bmatrix} X \\ Y \\ 0 \\ 1 \end{bmatrix} = \begin{bmatrix} P_1 & P_2 & P_4 \end{bmatrix}\begin{bmatrix} X \\ Y \\ 1 \end{bmatrix}$$

$$= \begin{bmatrix} H_{11} & H_{12} & H_{13} \\ H_{21} & H_{22} & H_{23} \\ H_{31} & H_{32} & H_{33} \end{bmatrix}\begin{bmatrix} X \\ Y \\ 1 \end{bmatrix} \tag{5-3}$$

由式(5-3)可知，三维空间平面上的点与图像平面上的点之间的关系可通过一个 3×3 的齐次矩阵 $H=[P_1\ P_2\ P_4]$ 来描述，H 即为单应矩阵。世界坐标可通过式(5-3)转换成图像像素坐标，相反地，图像像素坐标可通过式(5-4)转换成世界坐标。

$$sX = H^{-1}x \tag{5-4}$$

5.4　摄像机标定

标定是为了消除畸变以及得到内外参数矩阵。内参数矩阵与焦距相关，它是一个从平面到像素的转换，焦距不变它就不变，所以确定以后就可以重复使用。而外参数矩阵反映的是摄像机坐标系与世界坐标系的转换，至于畸变参数，一般也包含在内参数矩阵中。从作用上来看，内参数矩阵是为了得到镜头的信息，并消除畸变，使得到的图像更为准确；外参数矩阵是为了得到相机与世界坐标的联系，是为了最终的测距。

本节介绍的是特殊的线性摄像机模型——平面摄像机模型，在该模型中，世界坐标系与像素坐标系之间的投影关系用矩阵 H 描述。当待测目标位于同一平面上时，待测平面与图像平面之间的关系可以用矩阵 H^{-1} 来表示，只要能求得 H^{-1}，便可将待测目标的像素坐标转换成待测平面上的世界坐标，再进一步计算距离等参数。求取矩阵 H^{-1} 的过程就是摄像机标定过程。

求取单应矩阵的算法主要有点对应算法、直线对应算法以及利用两幅图像之间的单应关系进行约束的算法等。以下介绍点对应算法。

假定在平面摄像机模型中，存在 N 对对应点，其世界坐标和图像像素坐标都已知，设其中某一点的世界坐标和图像像素坐标分别为 $[X_i\ Y_i\ 1]^T$ 和 $[x_i\ y_i\ 1]^T$，则根据式(5-4)可得到如式(5-5)所示的两个线性方程。其中，$h=[h_0\ h_1\ h_2\ h_3\ h_4\ h_5\ h_6\ h_7\ h_8]^T$，是矩阵 H^{-1} 的矢量形式。

$$\begin{cases} [x_i\ y_i\ 1\ 0\ 0\ 0\ -x_iX_i\ -y_iX_i\ -X_i]h = 0 \\ [0\ 0\ 0\ x_i\ y_i\ 1\ -x_iX_i\ -y_iX_i\ -Y_i]h = 0 \end{cases} \tag{5-5}$$

那么,N 对对应点可以得到 $2N$ 个关于 h 的线性方程。由于 H^{-1} 是一个齐次矩阵,它的 9 个元素只有 8 个独立,换言之,虽然它有 9 个参数,但实际上只有 8 个未知数。因此,当 $N \geqslant 4$ 时,即可得到足够的方程,实现单应矩阵 H^{-1} 的估计,完成摄像机标定。

5.5　标定尺检测

标定尺检测的主要目的是自动提取标定点的图像坐标,标定尺检测的通用性、快速性和精确性直接影响整个测量系统的性能,本系统开发了以下标定尺检测算法。首先将彩色标定尺图像读入系统内存,采用固定步长对整幅图像由底部向顶部进行扫描,当检测到标定尺底部蓝黄区域的一个交点时,停止扫描,将该点作为追踪起始点,然后采用局部扫描的方法,逆时针追踪所有黄色区域外边界点,如图 5-6 所示。将追踪到的边界点坐标存入一个链表中,追踪完成后,从链表中提取 4 个角点坐标,并通过 Hough 变换、像素值精定位,提高角点定位精度,最终确认角点坐标。

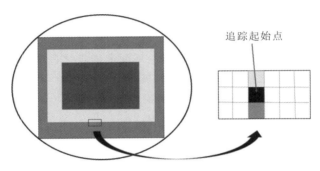

追踪起始点

图 5-6　黄色区域外边界点追踪

5.5.1　起始点追踪标定

定位追踪起始点所采用的方法为固定步长对整幅图像进行线扫描,将图像在水平方向上等分为 10 份,等分线分别为 $x=$ xsize/10、xsize/5、3xsize/10、⋯、9xsize/10,其中 xsize 为图像宽度。以这些等分线为目标,从 $x=$ xsize/2 开始,由图像中心向两边依次进行线扫描操作,如图 5-7 所示,图中虚线代表扫描线位置。

线扫描的具体步骤如下(step＝20)。

① 从图像顶部向底部依次读取当前扫描线上像素点的红色(R)、绿色(G)及蓝色(B)分量,分别存入数组 buff_r[ysize]、buff_g[ysize]、buff_b[ysize]中,ysize 为图像高度。

② 定义一个整数 num,用于记录扫描所得的标定尺区域的连续像素点个数,初值为 0。从 $j=$ ysize-1(j 为当前扫描点的 y 坐标,且 step$\leqslant j <$ ysize)开始,逐元素扫描数组 buff_r、buff_g、buff_b,即由图像底部向顶部对扫描线上各点进行扫描,判断其 RGB 分量是否满足式(5-6),该式描述的是标定尺蓝色区域像素点的 RGB 数值关系。

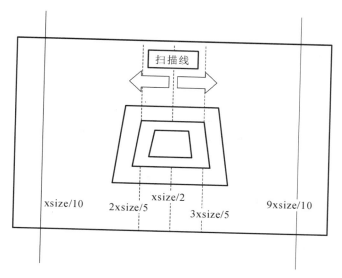

图 5-7　线扫描示意图

$$
\begin{cases} B > 100 \\ B - R > 30 \\ B - G > 30 \end{cases} \text{或} \quad \begin{cases} B \leqslant 100 \\ B - R > 10 \\ B - G > 50 \end{cases} \text{或} \quad \begin{cases} B \geqslant 200 \\ B > R \\ B > G \end{cases} \text{或} \quad \begin{cases} \dfrac{B}{R} > 1.1 \\ \dfrac{B}{G} > 1.1 \end{cases} \tag{5-6}
$$

③ 当扫描到目标点 P_1,其 RGB 值满足式(5-6)时,表明该点携带了标定尺蓝色区域所拥有的颜色信息。将 P_1 作为标定尺蓝色区域的候选点,并对该点上方 step 像素处,RGB 分量分别为 buff_r[j-step]、buff_g[j-step]、buff_b[j-step]的目标点 P_2 进行判定,若满足式(5-7)或式(5-8)[式(5-7)与式(5-8)都表示标定尺黄色区域的 RGB 数值关系,前者为正常光照状态,后者为强反光状态],则认为点 P_2 为标定尺黄色区域点,并暂时将候选点 P_1 作为标定尺蓝色区域点,num 的值加 1。令 $j=j-1$,继续向上扫描。若上方像素点也为标定尺蓝色区域点,则 num 值继续加 1;否则清空 num 值。当 num>step/4 时,认为该扫描线上存在标定尺信息,停止扫描,记录当前的 j 值。

$$
\begin{cases} R < 100 \\ R - B > 10 \\ G - B > 10 \end{cases} \text{或} \quad \begin{cases} R \geqslant 100 \\ R - B > 50 \\ G - B > 50 \end{cases} \text{或} \quad \begin{cases} R \geqslant 100 \\ R > B \\ G > 1.2B \end{cases} \text{或} \quad \begin{cases} R > 200 \\ G > 200 \\ R > B \\ G > B \end{cases} \text{或} \quad \begin{cases} R = 255 \\ G = 255 \end{cases}
$$

$$
\tag{5-7}
$$

④ 以 $Y=$start$=j-$step/4 为起点,对扫描线上 Y 坐标在[startstep,start]区间内的像素点进行向上局部扫描,当目标点的 RGB 值满足式(5-8)时,表明已经扫描到黄蓝区域的边界处,此时停止扫描,记录并标记当前的目标点(x,y)为红、绿、蓝分量分别为 250、0、0 的标记颜色 Fc,将该点作为追踪起始点,追踪标定尺黄色区域外边界点。

$$
R > B \quad \text{或} \quad G > B \quad \text{或} \quad R = G = B = 255 \tag{5-8}
$$

⑤ 在步骤②中,若当前列扫描结束后仍没有找到满足条件的目标点,或者在步骤③中,扫描到的标定尺区域的连续像素点个数 num≤step/4,则认为该扫描线上不存在标定尺信息,重

复步骤①~④,扫描下一列。

⑥ 若图像所有列都扫描完毕后,未发现存在标定尺信息的扫描线,则认为当前图像中不存在标定尺目标,不再进行下一步检测。

5.5.2 图形边界检测

以前面提取到的边界点 $P_s(x_0,y_0)$ 为追踪起始点,通过对图像进行局部扫描,逆时针追踪所有外边界点,追踪过程中,用一个链表来存储所检测出的边界点坐标信息。具体过程如下:

(1) 向右追踪。

首先向右追踪。将 P_s 作为已追踪点 $P(x,y)$,以 $X=x+1$ 为扫描线,对 $Y=s_y=y-\text{step}$ 到 $Y=e_y=y+\text{step}$ 区间进行由上而下的扫描操作,如图 5-8(a)所示。扫描时会遇到以下三种情况:

① 向右追踪时,首先需要判断追踪过程是否已经循环了一周。若当前扫描线满足式(5-9),则表明追踪一周后再次回到追踪起始点,这时,停止扫描和追踪,进行下一步操作——确定角点坐标。

$$\begin{cases} x+1=x_0 \\ s_y \leqslant y_0 \\ e_y \geqslant y_0 \end{cases} \tag{5-9}$$

② 若追踪过程并未循环一周,则进一步判断是否追踪至黄色角点区域。若扫描起始点 $(x-1,s_y)$ 的 RGB 值满足式(5-10),则该点为标定尺蓝色点,说明已经追踪到了黄色角点附近。这时,在扫描过程中,如果当前扫描点的颜色分量和 Y 坐标满足式(5-11),则停止向右追踪,并以该扫描点作为追踪起始点,开始向上追踪。

$$B>R \quad \text{或} \quad B>G \tag{5-10}$$

$$\begin{cases} R>B \\ G>B \\ R<250 \end{cases} \quad \text{或} \quad y_i \geqslant y(y_i \text{为当前的} Y \text{坐标}) \tag{5-11}$$

③ 若追踪过程并未循环一周,并且扫描起始点不为标定尺蓝色点,则继续扫描检测边界点。当扫描点的 RGB 值满足式(5-11)时,表明已经扫描到了标定尺黄蓝交界处的蓝色点,停止扫描,记下当前扫描点,存入链表中。该点即为所要追踪的目标点,将该点标记为标记颜色 Fc,并将该点作为已追踪点 P,继续向右追踪。

(2) 向上追踪。

向右追踪结束后开始向上追踪。向右追踪中的过程②提供了向上追踪的起始点,将该点作为已追踪点 $P(x,y)$,以 $Y=y-1$ 为扫描线,对 $X=s_x=x-\text{step}$ 到 $X=e_x=x+\text{step}$ 区间进行由左向右的扫描操作,如图 5-8(b)所示。向上追踪的扫描过程与向右追踪类似。

(3) 向左追踪。

向上追踪至黄色角点后,开始向左追踪。以向上追踪提供的起始点作为已追踪点 $P(x,y)$,以 $X=x-1$ 为扫描线,对 $Y=s_y=y+\text{step}$ 到 $Y=e_y=y-\text{step}$ 区间进行由下向上的扫描操作,如图 5-8(c)所示,扫描过程与向右追踪类似。

(4) 向下追踪。

向左追踪结束后,开始向下追踪。以向左追踪提供的起始点作为已追踪点 $P(x,y)$,以

$Y=y+1$ 为扫描线,对 $X=s_x=x+\text{step}$ 到 $X=e_x=x-\text{step}$ 区间进行由右向左的扫描操作,如图 5-8(d)所示,扫描过程与向右追踪类似。向下追踪结束后,继续向右追踪,当追踪至整个过程的起始点 $P_s(x_0,y_0)$ 时,追踪结束。

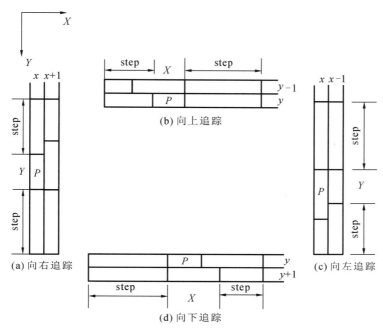

图 5-8　追踪示意图

5.5.3　确定角点坐标

蓝黄边界追踪完成后,需要从所有的边界点中提取 4 个角点坐标。

在本系统中,标定尺有菱形放置和矩形放置两种放置方式。对于不同放置方式,4 个角点在图像上具有不同的坐标特征,可根据这些坐标特征来初步确定 4 个角点的坐标。在菱形放置下,可将链表中 X 坐标最大和最小及 Y 坐标最大和最小的点认为是标尺的 4 个角点,如图 5-9(a)所示。在矩形放置下,首先确定($X+Y$)的最大值和最小值,并将其分别作为右下角和左上角的角点,然后分别在标定尺右上角 1/4 区域与标定尺下方 1/4 区域提取右上角与左下角的角点,如图 5-9(b)所示。将($X+\text{min}Y-Y$)取得最大值的点认为是右上角的角点,将($X+2\text{max}Y-Y$)取得最大值的点认为是左下角的角点。

根据坐标特征初步确定 4 个角点的坐标后,再进一步利用 Hough 变换定位 4 个角点。具体做法为:以角点所在的两条边上的像素点为目标,分别进行过已知点 Hough 变换,变换完成后,拟合出两条边所在的两条直线,两条直线的交点即为角点。由于标定的精度直接影响后续测量的精度,而标定的精度很大程度上取决于标定点的定位精度,因此,为了提高标定点即 4 个角点的定位精度,最后又通过像素值对角点进行了精定位。

4 个标定点的图像坐标得以确定之后,标定尺检测结束,下一步通过标定点的图像坐标与世界坐标计算图像平面与世界平面之间的单应矩阵。

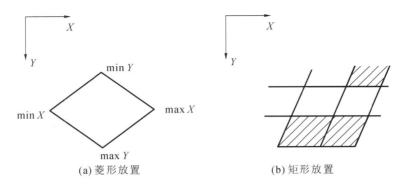

(a) 菱形放置 　　　　　　　　　　　(b) 矩形放置

图 5-9　根据坐标特征确定标定尺的 4 个角点

5.5.4　矩阵计算

4 个已知标定点提供了 8 个形如式(5-5)的关于单应矩阵 $\boldsymbol{H}^{-1}$ 的线性方程,用矩阵的形式表示为($\boldsymbol{h}$ 为单应矩阵 $\boldsymbol{H}^{-1}$ 的矢量形式)

$$\boldsymbol{A}\boldsymbol{h} = \begin{bmatrix} \boldsymbol{A}_1 \\ \boldsymbol{A}_2 \\ \boldsymbol{A}_3 \\ \boldsymbol{A}_4 \end{bmatrix} \boldsymbol{h} = 0 \tag{5-12}$$

假定 4 个标定点的图像坐标与世界坐标分别为 (x_i, y_i) 和 (X_i, Y_i),$i=1,2,3,4$,则

$$\boldsymbol{A}_i = \begin{bmatrix} x_i & y_i & 1 & 0 & 0 & 0 & -x_iX_i & -y_iX_i & -X_i \\ 0 & 0 & 0 & x_i & y_i & 1 & -x_iY_i & -y_iY_i & -Y_i \end{bmatrix} \tag{5-13}$$

矢量 $\boldsymbol{h}$ 即为 $\boldsymbol{A}^{\mathrm{T}}\boldsymbol{A}$ 的最小特征值所对应的特征向量。本系统采用开源库 OpenCV 提供的 cvFindHomography 函数求取该特征向量。

5.6　结果分析

将标定尺检测算法及单应矩阵计算算法加入系统中,利用本系统的硬件载体 Android 平板电脑分别在正常光照、强光、暗光、阴影(光线不均匀)状态下采集 30 幅标定尺图像样本,并进行实际检测实验,实验结果如表 5-1 所示。

表 5-1　摄像机标定实验结果

拍摄状态	实验总数	检测成功数量	平均标定误差/(%)	平均标定时间/ms
正常光照	30	30	0.170	244
强光	30	30	0.166	587
暗光	30	30	0.198	433
阴影	30	30	0.183	365

　　由表 5-1 可知,本系统的标定尺检测算法能够较好地适用于不同光线状态下拍摄的标定尺图像,并且将标定误差控制在 0.2% 之内、标定时间控制在 1 s 之内,基本达到了前文所提出的通用、精确、快速要求。

5.7　标识点扫描与检测

　　本系统利用设计的标识点(图 5-3),将不确定的待测目标转换成了确定的标识点,有利于自动检测。检测出标识点后,就可以计算出标识点间的距离和面积。

　　为了排除标定尺对标识点检测的干扰,在标定尺检测结束后,获取标定尺的上下左右区域范围,排除检测区域。

1. 定位追踪起始点

　　通过对整幅图像进行扫描,检测标识点中底部斜边上的像素点。由于标识点的面积较小,并且在拍摄场景中是任意摆放的,可能出现在图像中的任何位置,因此追踪起始点的定位采用以 xsize/200 为固定步长(xsize 为图像宽度),从左至右对整幅图像进行线扫描的方法,如图 5-10 所示。

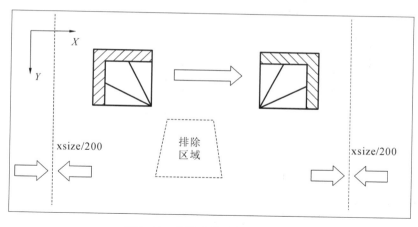

图 5-10　标识点检测扫描示意图

　　对当前列($x=i$)进行线扫描操作的具体步骤如下。

　　(1) 从图像顶部向底部依次读取当前扫描线上像素点的红色(R)、绿色(G)、蓝色(B)分量,分别存入数组 buff_r[ysize]、buff_g[ysize]、buff_b[ysize]中,ysize 为图像高度。

　　(2) 定义一个整数 j,表示当前扫描点的纵坐标,从 $j=0$ 开始逐元素扫描数组 buff_r、buff_g、buff_b,即从图像顶部向底部逐像素读取扫描点的红色(R)、绿色(G)、蓝色(B)值。若当前点的 RGB 分量值满足式(5-14),表明该点携带了标识点红色区域的颜色信息,可能为红色区域点,暂停扫描,并记录当前的 j 值为 ystart。

$$\begin{cases} R-G>50 \\ R-B>50 \end{cases} \text{或} \begin{cases} \dfrac{R}{G}>1.5 \\ \dfrac{R}{B}>1.5 \end{cases} \tag{5-14}$$

（3）定义一个整数 num，用于记录符合设定条件的连续像素点个数，初值为 0。从 $j=$ ysize-1 开始，对当前扫描线上纵坐标在 [ystart，ysize-1] 区间内的像素点进行局部扫描，判断当前扫描点的 RGB 分量值是否满足式（5-15），若满足，则表明当前点 $P_1(i,j)$ 可能为标识点底部的蓝色区域点。进一步判断该点上方 step 像素处的目标点 $P_2(i,j-\text{step})$ 是否满足式（5-16），若满足，则表明点 P_2 可能为标识点的黄色区域点，因此可将点 P_1 暂时作为蓝色区域点，num 值加 1，否则，清空 num 值。当 num$>$3 时，认为检测到标识点信息，并且当前扫描点为蓝色区域点，记录当前点 $P_1(i,j)$。

$$B > R \text{ 且 } B > G \tag{5-15}$$

$$G > B \text{ 且 } R > B \tag{5-16}$$

以点 $P_1(i,j)$ 上方 step 像素处的目标点作为扫描起始点，对扫描线上纵坐标在 [$j-\text{step}$，j] 区间内的像素点进行局部扫描，精定位追踪起始点，如图 5-11 所示。当扫描点 $P(i,y)$ 满足式（5-15）时，表明该点为底部斜边处的蓝色点，记录该点，将该点作为追踪起始点，进行下一步操作。

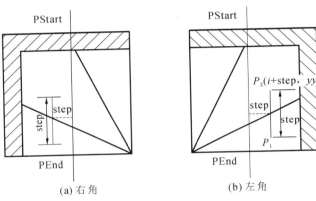

(a) 右角 (b) 左角

图 5-11 标识点的不同摆放位置

2. 判断标识点放置方式

由图 5-11 可知，在实际测量时，标识点可能有右角和左角两种摆放方式，对应着不同的追踪方法。因此，在追踪前，首先需要判断当前标识点的放置方式，再根据判断结果选择相应的追踪方向和方法。

在图 5-11 中，$P(i,y)$ 为追踪起始点，获取点 P 右侧 step 像素处的像素点，对该点上下 2step 范围内的目标点进行线扫描操作。定义一个标识变量 flag，初值为 0，当扫描点为黄色点，即满足式（5-16）时，将 flag 置为 1，继续扫描。若在 flag$=1$ 的前提下，得到一目标点满足式（5-15），表明该点为标识点底部斜边处的蓝色点，停止扫描，将该点记为 $P_2(i+\text{step},yy)$。

如图 5-11（a）（b）所示，对于标识点的不同放置方式，边界点 P、P_2 的纵坐标 y、yy 满足不同的关系式：

在图 5-11（a）中，当黄色角点位于标识点的右下角时，y 与 yy 满足：$y < yy$；

在图 5-11（b）中，当黄色角点位于标识点的左下角时，y 与 yy 满足：$y > yy$。

因此，本过程将比较 y、yy 的大小所得结果作为确定标识点放置方式的判断依据。

3.逆时针追踪黄色角点

对于图 5-11 中标识点的两种不同放置方式,采用不同的追踪算法。

(1)角点位于标识点右下角。

当黄色角点位于标识点右下角时,获取追踪起始点 $P(x,y)$ 后,首先向右追踪,将 $X=x+1$ 作为固定扫描线,对 Y 在 $[y-\text{step}, y+\text{step}]$ 区间内的像素点进行扫描,检测位于标识点底部斜边上的边界点,如图 5-12 所示,扫描方向为由 PStart 到 PEnd。扫描前先对扫描起始点 PStart 和终止点 PEnd 的颜色分量值进行判断,以确定当前扫描线的位置。

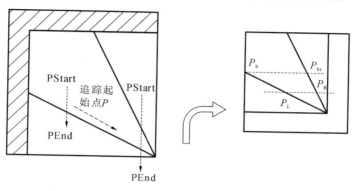

图 5-12　黄色角点追踪(角点位于标识点右下角)

当扫描线距离黄色角点较远时,PStart 和 PEnd 分别为黄色点和蓝色点。因此,当扫描点为蓝色点,即其 RGB 分量中 B 分量最大时,认为该点为待检测的边界点。记录该点,将其标记成 $R=254$、$G=0$、$B=0$ 的标记颜色 Fc,并将该点作为起始点 P,继续追踪该点右边的边界点。

当扫描线位于黄色角点附近时,PStart 和 PEnd 可能不为黄色点和蓝色点。当起始点的 RGB 分量满足式(5-17)或终止点的 RGB 分量满足式(5-18)时,表明向右追踪到了角点附近,不再进行上下扫描,停止向右追踪,并以当前的基准点 P_b 为起始点,精定位角点。

$$\min(R,G,B) < 200 \quad \text{且} \quad \min(R,G,B) \neq B \qquad (5\text{-}17)$$

$$\max(R,G,B) > 50 \quad \text{且} \quad \max(R,G,B) \neq B \qquad (5\text{-}18)$$

假设 P_b 坐标为 (b_x, b_y),以 $y=b_y$ 为固定扫描线,向右扫描,当检测到标识点顶部斜边上的边界点 P_{br} 时,停止扫描,获取 P_b 与 P_{br} 的中点 $P_m(m_x, m_y)$,以点 P_m 为起始点开始向下追踪。首先判断该点下方点 $P_{bm}(m_x, m_y+1)$ 是否为黄色点,即是否满足式(5-17),若满足,则以 $y=m_y+1$ 为固定扫描线,分别在向左、向右 2step 范围内扫描黄色斜边的边界点 $P_L(l_x, m_y+1)$、$P_R(r_x, m_y+1)$,并将 P_L、P_R 的中点作为新的起始点继续向下追踪。其中,P_L、P_R 的判断依据为:这两点为蓝色点,即这两点的颜色分量值满足式(5-18)。当 $P_{bm}(m_x, m_y+1)$ 不为黄色点时,表明向下追踪到了角点附近,不再进行左右扫描并且停止向下追踪,获取前一次检测所得边界点 P_L、P_R 的 X 值 l_x、r_x。在 P_{bm} 所在列上,搜索 X 在 $[l_x, r_x]$ 区间内 R 分量取得最大值的像素点,将该点认为是待提取的黄色角点。

(2)角点位于标识点左下角。

为了避免将其他目标错检成标识点,应尽可能大范围地搜索标识点特征,以提高标识点检测正确率。因此,当黄色角点位于标识点左下角时,获取追踪起始点后,不直接向左下追踪,而是如图 5-13 所示逆时针追踪待测顶点。

具体追踪方式如下:

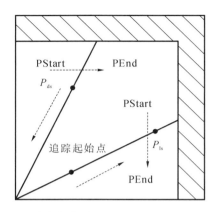

图 5-13 黄色角点追踪(角点位于标识点左下角)

① 首先向右追踪,追踪方式与(1)中向右追踪过程类似,唯一不同点在于:追踪后期,当扫描起始点不为黄色点或终止点不为蓝色点时,表明向右追踪到了红色边沿附近(而不是黄色角点附近),认为当前的基准点为底部斜边最右侧的边界点 P_{ls},记录该点,停止向右追踪。

② 以 P_{ls} 为起始点,向左搜索点 P_{ls} 所在列位于标识点顶部斜边上的像素点 P_{ds},即黄蓝边界点。该点的定位方法与前述 P_2 的确定方法类似。

③ 搜索确定 $P_{ds}(ds_x, ds_y)$ 后,以该点为起始点,开始向下追踪,将 $Y = ds_y + 1$ 作为固定扫描线,对 X 在 $[ds_x - step, ds_x + step]$ 区间内的像素点进行扫描,检测位于标识点顶部斜边上的边界点,如图 5-13 所示,扫描方向为由 PStart 到 PEnd。该过程与(1)中的向右追踪过程类似,仅仅是扫描前对扫描起始点 PStart 和终止点 PEnd 的判断方法有所不同。在本过程中,当前扫描线位置是通过判断 PStart 是否为蓝色点和 PEnd 是否为黄色点来确定的,与(1)中向右追踪过程恰好相反。

当追踪至角点附近时,对角点进行精定位的方法也与(1)中的精定位方法一致,此处不再赘述。

至此,一个标识点检测完毕。为了避免对检测其他标识点造成干扰,获取该标识点的上下左右范围,并将该范围所构成的矩形作为后续检测过程中的排除区域,继续对图像进行扫描,检测下一个标识点。

课 后 习 题

1. 简述单目视觉测量系统的硬件构成,用什么可以替代其硬件装置。
2. 常见的摄像机模型坐标系参照有哪几种?
3. 为什么需要标定过程?
4. 简述一下标识点的作用。

第6章 双目视觉

6.1 概述

上一章介绍了单目视觉系统的硬件构成和基本原理等内容。单目视觉无法确定一个物体的真实大小,因为物体可能很大很远,也可能很近很小。人类具有一双眼睛,对同一目标可以形成视差,因此能清晰地感知三维世界。同理,计算机也需要通过双目视觉来感知三维世界。本章将介绍双目视觉测量系统的硬件构成、基本原理、标定方法和三维重建。

双目视觉测量系统的功能模块包括左右视觉摄像机、计算机、三脚架、标定装置等,如图6-1所示。左右视觉摄像机用于采集左右视觉图像;计算机用于同步采集图像、图像数据处理、三维重建、数据保存等;标定装置用于进行摄像机标定,获得摄像机内外参数;三脚架用于摄像机固定,调节摄像机的高度和角度,视情况而定,有时可以手持拍摄。若光线不足,无法获得清晰图像,还可加入光源。

图 6-1 双目视觉测量系统

6.2 双目视觉系统的结构

双目视觉是利用两台摄像机在不同角度拍摄同一目标物体,再根据三角测量原理求解出物体的三维信息。双目视觉系统的结构通常情况下可以根据摄像机光轴平行与否分为平行式视觉模型和汇聚式视觉模型,可以根据场景和对测量精度等的要求进行选择。

6.2.1 平行式视觉模型

平行式视觉模型就是在双目视觉系统中放置两台完全相同的摄像机并使其光轴平行,使得汇聚距离为无穷远。一般的双目视觉系统计算复杂,安装的难度也比较大,最简单的立体视觉系统模型就是平行式视觉模型,如图6-2所示。

平行式视觉模型的原理图如图6-3所示,假定 C_1、C_2 这两台摄像机的各项参数完全相同,相当于是两个光轴平行的单目视觉系统组合。这两台摄像机光轴平行,也就是 x 轴重合,y 轴平行,一个摄像机沿 x 轴平移一段距离后可以与另一个摄像机完全重合。如图6-3所示,

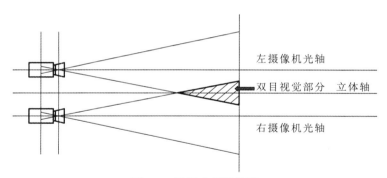

图 6-2 平行式视觉模型

$P(X,Y,Z)$ 为空间中任意一点,O_1、O_2 为左右摄像机的光心,b 为左右摄像机之间的基线距离。通过左右摄像机的光学成像,P 在左右投影面上的成像点分别为 P_1、P_2,由成像原理可知,P_1、P_2 点的纵坐标相等,横坐标的差值为两个成像坐标系间的距离。

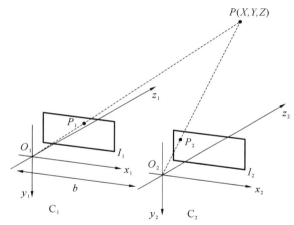

图 6-3 平行式视觉模型原理图

在平行式双目视觉模型中,假设两个成像坐标系间的距离为 b,即某点在这两个坐标系中横坐标的差值为 b。C_1 坐标系为 $O_1x_1y_1z_1$,C_2 坐标系为 $O_2x_2y_2z_2$,若空间任意点 P 在 C_1 坐标系中的坐标为 (x_1,y_1,z_1),那么其在 C_2 坐标系中的坐标就为 (x_1-b,y_1,z_1)。因此,如果摄像机的内部参数已经确定,就可以依次得出 P 点的三维坐标值,具体如式(6-1)所示。

$$\begin{cases} X = \dfrac{b(u_1 - u_0)}{u_1 - u_2} \\[2mm] Y = \dfrac{ba_x(v_1 - v_0)}{a_y(u_1 - u_2)} \\[2mm] Z = \dfrac{ba_x}{u_1 - u_2} \end{cases} \qquad (6-1)$$

式中:b 为基线长度;u_0、v_0、a_x、a_y 均为摄像机的内部参数;$u_1 - u_2$ 为视差。视差是由双目视觉系统中左右两个摄像机的位置不同所导致的 P 点在左右图像中的投影点位置差异。如式(6-1)所示,P 点的距离越远,也就是 Z 越大,视差就越小。当 P 点接近无穷远时,O_1P 与 O_2P 趋于平行,视差趋于零。

$P(X,Y,Z)$在左右图像中的像素坐标分别为 $P_1(u_1,v_1)$，$P_2(u_2,v_2)$，由 P_1、P_2 两点坐标可求出空间点 $P(X,Y,Z)$。

6.2.2　汇聚式视觉模型

　　虽然左右摄像机光轴平行的平行式双目视觉系统原理简单，计算方便，但该结构是理想的结构形式。在现实情况下，由于摄像机本身的性能差异、安装工艺等各种因素影响，我们很难建立起绝对平行的双目摄像系统，即很难调整摄像机的相对位置使之达到图 6-3 所示的理想情形。在很多情况下，双目视觉系统采用汇聚式视觉模型结构，如图 6-4 所示，左右两个摄像机的光轴不必平行。

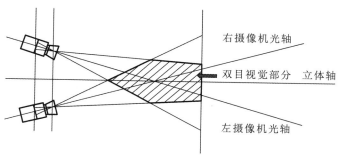

图 6-4　汇聚式视觉模型

　　在汇聚式双目视觉模型中，在左右摄像机 C_1 与 C_2 标定结果已知的情况下，假设 P_1、P_2 为空间一点 P 分别在左右图像上的对应点，如图 6-5 所示，也就是说已知其投影矩阵分别为 $\boldsymbol{M}_1$ 与 $\boldsymbol{M}_2$。于是在左右图像中，空间点与图像点间的关系如式(6-2)和式(6-3)所示。

$$Z_{C1}\begin{bmatrix} u_1 \\ v_1 \\ 1 \end{bmatrix} = \boldsymbol{M}_1 \begin{bmatrix} X \\ Y \\ Z \\ 1 \end{bmatrix} = \begin{bmatrix} m_{11}^1 & m_{12}^1 & m_{13}^1 & m_{14}^1 \\ m_{21}^1 & m_{22}^1 & m_{23}^1 & m_{24}^1 \\ m_{31}^1 & m_{32}^1 & m_{33}^1 & m_{34}^1 \end{bmatrix} \begin{bmatrix} X \\ Y \\ Z \\ 1 \end{bmatrix} \tag{6-2}$$

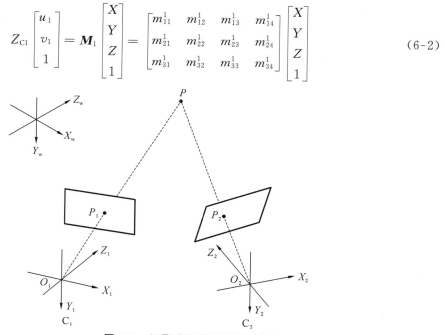

图 6-5　汇聚式视觉模型原理图

$$Z_{C2}\begin{bmatrix} u_2 \\ v_2 \\ 1 \end{bmatrix} = \boldsymbol{M}_2 \begin{bmatrix} X \\ Y \\ Z \\ 1 \end{bmatrix} = \begin{bmatrix} m_{11}^2 & m_{12}^2 & m_{13}^2 & m_{14}^2 \\ m_{21}^2 & m_{22}^2 & m_{23}^2 & m_{24}^2 \\ m_{31}^2 & m_{32}^2 & m_{33}^2 & m_{34}^2 \end{bmatrix} \begin{bmatrix} X \\ Y \\ Z \\ 1 \end{bmatrix} \tag{6-3}$$

式中：$(u_1,v_1,1)$ 与 $(u_2,v_2,1)$ 分别为 P_1 和 P_2 点在图像坐标系中的齐次坐标；$(X,Y,Z,1)$ 为 P 点在世界坐标系下的齐次坐标；$m_{ij}^k(k=1,2;i=1,2,3;j=1,2,3,4)$ 分别为 $\boldsymbol{M}_k$ 的第 i 行 j 列元素。

与单目视觉测量中线性模型式同理，在上式中消去 Z_{C1} 和 Z_{C2}，得到如下关于 X、Y、Z 的四个线性方程。

$$\begin{cases} (u_1 m_{31}^1 - m_{11}^1)X + (u_1 m_{32}^1 - m_{12}^1)Y + (u_1 m_{33}^1 - m_{13}^1)Z = m_{14}^1 - u_1 m_{34}^1 \\ (v_1 m_{31}^1 - m_{21}^1)X + (v_1 m_{32}^1 - m_{22}^1)Y + (v_1 m_{33}^1 - m_{23}^1)Z = m_{24}^1 - v_1 m_{34}^1 \\ (u_2 m_{31}^2 - m_{11}^2)X + (u_2 m_{32}^2 - m_{12}^2)Y + (u_2 m_{33}^2 - m_{13}^2)Z = m_{14}^2 - u_2 m_{34}^2 \\ (v_2 m_{31}^2 - m_{21}^2)X + (v_2 m_{32}^2 - m_{22}^2)Y + (v_2 m_{33}^2 - m_{23}^2)Z = m_{24}^2 - v_2 m_{34}^2 \end{cases} \tag{6-4}$$

式(6-4)中的第一二式的几何意义为直线 $O_1 P_1$，第三四式的几何意义为直线 $O_2 P_2$。因为空间点 $P(X,Y,Z)$ 是 $O_1 P_1$ 和 $O_2 P_2$ 的交点，所以必然同时满足上面两条直线的方程。将上面的方程联立可求出空间点 P 的坐标 (X,Y,Z)。但在实际应用中，为减小误差，通常采用最小二乘法求解空间坐标 (X,Y,Z)。

6.3 摄像机标定

摄像机标定是研究双目视觉系统需要解决的第一个问题，也是三维重建的重要部分。摄像机标定的目的是建立摄像机图像像素位置与三维空间点位置的对应关系，即世界坐标系与图像坐标系之间的关系。采用的方法是根据摄像机模型，由已知特征点的坐标求解摄像机的参数。摄像机标定分为两部分：一是从世界坐标系转换到摄像机坐标系，这两个坐标系都是三维的，那么就是从一个三维空间转到另一个三维空间；二是从摄像机坐标系转换到图像坐标系，而图像坐标系是二维的，那么该部分就是从三维空间转到二维空间。

目前摄像机标定的方法已经比较成熟，常见的标定方法主要有三种：传统标定法、基于主动视觉的标定法、自标定法。这三种方法各有各的优缺点。本节将介绍直接线性标定法和张正友标定法。

6.3.1 直接线性标定法

直接线性变换法（direct linear transform，DLT）是 Abdel-Aziz 和 Karara 在 20 世纪 70 年代初提出的一种摄像机标定方法，使用非常广泛。DLT 利用线性成像模型，忽略摄像机畸变，通过求解线性方程组得到摄像机的参数。这样计算速度很快，操作也相对简单，但是因为没有考虑摄像机的畸变，对于那些畸变系数很大的摄像机，就会有很大的误差。所以，DLT 适合用于测量距离很大，不苛求精度的场景。

参照前述关于场景中任意点 P 的图像像素坐标与世界坐标之间的关系式原理，我们由立体标定参照物图像求取投影矩阵，如式(6-5)所示。

$$Z_c \begin{bmatrix} u_i \\ v_i \\ 1 \end{bmatrix} = \begin{bmatrix} m_{11} & m_{12} & m_{13} & m_{14} \\ m_{21} & m_{22} & m_{23} & m_{24} \\ m_{31} & m_{32} & m_{33} & m_{34} \end{bmatrix} \begin{bmatrix} X_{wi} \\ Y_{wi} \\ Z_{wi} \\ 1 \end{bmatrix} \tag{6-5}$$

式中:(X_{wi}, Y_{wi}, Z_{wi}) 为空间第 i 个点的世界坐标;(u_i, v_i) 为第 i 个点的像素坐标;m_{ij} 为空间任意一点投影矩阵的第 i 行 j 列元素。

由式(6-5)可得线性方程:

$$\begin{cases} Z_c u_i = m_{11} X_{wi} + m_{12} Y_{wi} + m_{13} Z_{wi} + m_{14} \\ Z_c v_i = m_{21} X_{wi} + m_{22} Y_{wi} + m_{23} Z_{wi} + m_{24} \\ Z_c = m_{31} X_{wi} + m_{32} Y_{wi} + m_{33} Z_{wi} + m_{34} \end{cases} \tag{6-6}$$

联立消去 Z_c 可以得到两个关于 m_{ij} 的线性方程。这也就说明,在三维空间中,如果已知 n 个标定点,各标定点的空间坐标为 (X_{wi}, Y_{wi}, Z_{wi}),像素坐标为 (u_i, v_i) $(i = 1, \cdots, n)$,那么可得到 $2n$ 个关于投影矩阵元素的线性方程,并且这 $2n$ 个线性方程可以用式(6-7)来表示。

$$\begin{cases} X_{wi} m_{11} + Y_{wi} m_{12} + Z_{wi} m_{13} + m_{14} - u_i X_{wi} m_{31} - u_i Y_{wi} m_{32} - u_i Z_{wi} m_{33} = u_i m_{34} \\ X_{wi} m_{21} + Y_{wi} m_{22} + Z_{wi} m_{23} + m_{24} - v_i X_{wi} m_{31} - v_i Y_{wi} m_{32} - v_i Z_{wi} m_{33} = v_i m_{34} \end{cases} \tag{6-7}$$

式(6-7)表明,投影矩阵乘以任意不为零的常数并不影响 (X_{wi}, Y_{wi}, Z_{wi}) 与 (u_i, v_i) 的关系。因此,设 $m_{34} = 1$,得到关于投影矩阵其他元素的 $2n$ 个线性方程,线性方程中包含 11 个未知量。用向量表示未知量,就是十一维向量 $\boldsymbol{m}$,那么这 $2n$ 个线性方程用矩阵形式可以简写为

$$\boldsymbol{Km} = \boldsymbol{U} \tag{6-8}$$

式中:$\boldsymbol{K}$ 为 $2n \times 11$ 矩阵,$\boldsymbol{U}$ 为 $2n$ 维向量,且 $\boldsymbol{K}, \boldsymbol{U}$ 均为已知量。

当 $2n > 11$ 时,我们可以利用最小二乘法解算上述线性方程:

$$\boldsymbol{m} = (\boldsymbol{K}^{\mathrm{T}} \boldsymbol{K})^{-1} \boldsymbol{K}^{\mathrm{T}} \boldsymbol{U} \tag{6-9}$$

向量 $\boldsymbol{m}$ 与 $m_{34} = 1$ 构成了所求解的投影矩阵。上述各式表明,若想求投影矩阵,至少要知道空间中 6 个特征点和与之相对应的图像点的坐标。一般而言,为了降低用最小二乘法解算时造成的误差,在标定的参照物上会选出超过 8 个已知点,使方程个数远远超出未知量的个数。

6.3.2　张正友标定法

张正友标定法,也称为 Zhang 标定法,是张正友教授在 1998 年提出的基于单平面棋盘格的摄像机标定方法。该方法介于传统标定方法和自标定方法之间,避免了传统标定方法对环境及设备要求高等缺点,又比自标定方法的精度高、鲁棒性好,不需要特殊的标定物,仅需一张打印出来的棋盘格。张正友标定法为摄像机标定提供了很大便利,又兼具高精度的优点。该方法的具体过程如下:

① 打印一张黑白棋盘方格标定图纸,将其贴在平面物体的表面;

② 移动标定图片或者移动摄像机,拍摄一组不同角度的棋盘格照片;

③ 对每张棋盘格照片中的特征点进行检测,特征点就是角点,也即黑白棋盘格交叉点,根据已知的棋盘格大小和世界坐标系的原点,确定角点的图像坐标与实际坐标;

④ 采用摄像机的线性模型,根据旋转矩阵的正交性,通过求解线性方程,获得摄像机的内部参数和外部参数;

⑤ 解算畸变系数;

⑥ 根据再投影误差最小准则,对内外参数进行优化。

下面我们来看看具体内容。

(1) 标定摄像机内外参数。

张正友标定法标定摄像机的内外参数的思路为:求解内参矩阵与外参矩阵的积;求解内参矩阵;求解外参矩阵。

在摄像机成像系统中,共包含四个坐标系:世界坐标系、摄像机坐标系、图像物理坐标系、图像像素坐标系。它们的坐标系转化关系为

$$
Z\begin{bmatrix} u \\ v \\ 1 \end{bmatrix} = \begin{bmatrix} \dfrac{1}{\mathrm{d}X} & -\dfrac{\cot\theta}{\mathrm{d}X} & u_0 \\ 0 & \dfrac{1}{\mathrm{d}Y\sin\theta} & v_0 \\ 0 & 0 & 1 \end{bmatrix} \begin{bmatrix} f & 0 & 0 & 0 \\ 0 & f & 0 & 0 \\ 0 & 0 & 1 & 0 \end{bmatrix} \begin{bmatrix} \boldsymbol{R} & \boldsymbol{T} \\ 0 & 1 \end{bmatrix} \begin{bmatrix} U \\ V \\ W \\ 1 \end{bmatrix} \tag{6-10}
$$

其中,(U,V,W) 是一点在世界坐标系下的物理坐标,(u,v) 为该点在像素坐标系下的像素坐标,Z 为尺度因子。

我们定义摄像机的内参矩阵:

$$
\begin{bmatrix} \dfrac{1}{\mathrm{d}X} & -\dfrac{\cot\theta}{\mathrm{d}X} & u_0 \\ 0 & \dfrac{1}{\mathrm{d}Y\sin\theta} & v_0 \\ 0 & 0 & 1 \end{bmatrix} \begin{bmatrix} f & 0 & 0 & 0 \\ 0 & f & 0 & 0 \\ 0 & 0 & 1 & 0 \end{bmatrix} = \begin{bmatrix} \dfrac{f}{\mathrm{d}X} & -\dfrac{f\cot\theta}{\mathrm{d}X} & u_0 & 0 \\ 0 & \dfrac{f}{\mathrm{d}Y\sin\theta} & v_0 & 0 \\ 0 & 0 & 1 & 0 \end{bmatrix} \tag{6-11}
$$

摄像机的内部参数决定了内参矩阵。矩阵中:f 为焦距;$\mathrm{d}X,\mathrm{d}Y$ 分别为一个像素在摄像机感光板 X,Y 方向上的长度;u_0、v_0 为摄像机感光板中心在图像像素坐标系下的坐标;θ 为感光板横纵边之间的角度。

摄像机的外参矩阵为 $\begin{bmatrix} \boldsymbol{R} & \boldsymbol{T} \\ 0 & 1 \end{bmatrix}$,摄像机坐标系和世界坐标系的相对位置决定了外参矩阵,$\boldsymbol{R}$ 表示旋转矩阵,$\boldsymbol{T}$ 表示平移矢量。那么单点无畸变的摄像机成像模型为

$$
Z\begin{bmatrix} u \\ v \\ 1 \end{bmatrix} = \begin{bmatrix} \dfrac{f}{\mathrm{d}X} & -\dfrac{f\cot\theta}{\mathrm{d}X} & u_0 & 0 \\ 0 & \dfrac{f}{\mathrm{d}Y\sin\theta} & v_0 & 0 \\ 0 & 0 & 1 & 0 \end{bmatrix} \begin{bmatrix} \boldsymbol{R} & \boldsymbol{T} \\ 0 & 1 \end{bmatrix} \begin{bmatrix} U \\ V \\ W \\ 1 \end{bmatrix} \tag{6-12}
$$

将世界坐标系固定于棋盘格上,则棋盘格上任一点的物理坐标 $W=0$。单点无畸变的成像模型就可以化为

$$Z\begin{bmatrix} u \\ v \\ 1 \end{bmatrix} = \begin{bmatrix} \dfrac{f}{\mathrm{d}X} & -\dfrac{f\cot\theta}{\mathrm{d}X} & u_0 \\ 0 & \dfrac{f}{\mathrm{d}Y\sin\theta} & v_0 \\ 0 & 0 & 1 \end{bmatrix} \begin{bmatrix} \boldsymbol{R}_1 & \boldsymbol{R}_2 & \boldsymbol{T} \end{bmatrix} \begin{bmatrix} U \\ V \\ 1 \end{bmatrix} = \boldsymbol{A}\begin{bmatrix} \boldsymbol{R}_1 & \boldsymbol{R}_2 & \boldsymbol{T} \end{bmatrix} \begin{bmatrix} U \\ V \\ 1 \end{bmatrix} \tag{6-13}$$

$\boldsymbol{R}_1$，$\boldsymbol{R}_2$ 为旋转矩阵 $\boldsymbol{R}$ 的前两列；$\boldsymbol{A}$ 为内参矩阵，对于不同图片，$\boldsymbol{A}$ 为定值。

我们将 $\boldsymbol{A}\begin{bmatrix} \boldsymbol{R}_1 & \boldsymbol{R}_2 & \boldsymbol{T} \end{bmatrix}$ 记为矩阵 $\boldsymbol{H}$，表示内参矩阵和外参矩阵的积，$\boldsymbol{H}$ 的三列分别记为 $\begin{bmatrix} \boldsymbol{H}_1 & \boldsymbol{H}_2 & \boldsymbol{H}_3 \end{bmatrix}$，则

$$\begin{bmatrix} u \\ v \\ 1 \end{bmatrix} = \frac{1}{Z}\boldsymbol{H}\begin{bmatrix} U \\ V \\ 1 \end{bmatrix} = \frac{1}{Z}\begin{bmatrix} H_{11} & H_{12} & H_{13} \\ H_{21} & H_{22} & H_{23} \\ H_{31} & H_{32} & H_{33} \end{bmatrix}\begin{bmatrix} U \\ V \\ 1 \end{bmatrix} \tag{6-14}$$

消去尺度因子 Z，可以得到：

$$u = \frac{H_{11}U + H_{12}V + H_{13}}{H_{31}U + H_{32}V + H_{33}} \tag{6-15}$$

$$v = \frac{H_{21}U + H_{22}V + H_{23}}{H_{31}U + H_{32}V + H_{33}} \tag{6-16}$$

尺度因子 Z 消去后，式(6-15)和式(6-16)对于同一张图片上所有的角点均成立。(u,v) 是图像像素坐标系下角点的坐标，(U,V) 是世界坐标系下角点的坐标。这里的 $\boldsymbol{H}$ 是齐次矩阵，有 8 个独立未知元素。每一个标定板角点可以提供两个约束方程。当一张图片上角点数量等于 4 时，可求得该图片对应的矩阵 $\boldsymbol{H}$。当角点数量大于 4 时，利用最小二乘法回归解算最佳的矩阵 $\boldsymbol{H}$。

若已知矩阵 $\boldsymbol{H} = \boldsymbol{A}\begin{bmatrix} \boldsymbol{R}_1 & \boldsymbol{R}_2 & \boldsymbol{T} \end{bmatrix}$，求解摄像机的内参矩阵 $\boldsymbol{A}$。因为 $\boldsymbol{R}_1$，$\boldsymbol{R}_2$ 是旋转矩阵 $\boldsymbol{R}$ 的两列，存在单位正交的关系，又由 $\boldsymbol{H}$ 和 $\boldsymbol{R}_1$，$\boldsymbol{R}_2$ 的关系可得：

$$\boldsymbol{H}_1^{\mathrm{T}}\boldsymbol{A}^{-\mathrm{T}}\boldsymbol{A}^{-1}\boldsymbol{H}_2 = 0$$

$$\boldsymbol{H}_1^{\mathrm{T}}\boldsymbol{A}^{-\mathrm{T}}\boldsymbol{A}^{-1}\boldsymbol{H}_1 = \boldsymbol{H}_2^{\mathrm{T}}\boldsymbol{A}^{-\mathrm{T}}\boldsymbol{A}^{-1}\boldsymbol{H}_2 = 1 \tag{6-17}$$

将上述约束方程中矩阵 $\boldsymbol{A}^{-\mathrm{T}}\boldsymbol{A}^{-1}$ 记为 $\boldsymbol{B}$，则 $\boldsymbol{B}$ 是对称矩阵。可以先求出 $\boldsymbol{B}$，再求解内参矩阵 $\boldsymbol{A}$。通过多步解算，可以求得内参矩阵 $\boldsymbol{A}$ 为

$$\boldsymbol{A} = \begin{bmatrix} \dfrac{f}{\mathrm{d}X} & -\dfrac{f\cot\theta}{\mathrm{d}X} & u_0 & 0 \\ 0 & \dfrac{f}{\mathrm{d}Y\sin\theta} & v_0 & 0 \\ 0 & 0 & 1 & 0 \end{bmatrix} = \begin{bmatrix} \alpha & \gamma & u_0 \\ 0 & \beta & v_0 \\ 0 & 0 & 1 \end{bmatrix} \tag{6-18}$$

至于外参矩阵，由于外参矩阵反映的是标定板和摄像机的位置关系，因此不同的图片对应的外参矩阵也不同。由 $\boldsymbol{H} = \boldsymbol{A}\begin{bmatrix} \boldsymbol{R}_1 & \boldsymbol{R}_2 & \boldsymbol{T} \end{bmatrix}$ 我们已经求解得到了矩阵 $\boldsymbol{H}$ 和矩阵 $\boldsymbol{A}$，那么外参矩阵 $\begin{bmatrix} \boldsymbol{R}_1 & \boldsymbol{R}_2 & \boldsymbol{T} \end{bmatrix} = \boldsymbol{A}^{-1}\boldsymbol{H}$，完整的外参矩阵为 $\begin{bmatrix} \boldsymbol{R} & \boldsymbol{T} \\ 0 & 1 \end{bmatrix}$。

上述解算都未考虑畸变参数，但在实际应用中，摄像机是存在畸变参数的，因此张正友标定法还对参数进行了优化。

（2）标定摄像机的畸变参数。

张正友标定法仅考虑畸变模型中影响较大的径向畸变。2 阶径向畸变公式为

$$\hat{x} = x(1 + k_1 r^2 + k_2 r^4) \tag{6-19}$$
$$\hat{y} = y(1 + k_1 r^2 + k_2 r^4)$$

式中：(x, y)，$(\hat{x}, \hat{y})$ 分别为理想的无畸变的归一化像素坐标和畸变后的归一化像素坐标；r 为图像像素点到图像中心点的距离；k_1，k_2 为畸变系数。再由图像物理坐标和像素坐标的转化关系可得理想的无畸变像素坐标 (u, v) 和畸变后的像素坐标 $(\hat{u}, \hat{v})$。最后代入径向畸变公式并化简可得：

$$\begin{bmatrix} (u - u_0)r^2 & (u - u_0)r^4 \\ (v - v_0)r^2 & (v - v_0)r^4 \end{bmatrix} \begin{bmatrix} k_1 \\ k_2 \end{bmatrix} = \begin{bmatrix} \hat{u} - u \\ \hat{v} - v \end{bmatrix} \tag{6-20}$$

每一个角点，只要知道理想的无畸变的像素坐标 (u, v)、畸变后的像素坐标 $(\hat{u}, \hat{v})$，就可以构造上述等式。如果有 m 幅图像，每幅图像上有 n 个标定板角点，将得到的所有等式组合起来，可以得到 mn 个未知数为 $k = \begin{bmatrix} k_1 & k_2 \end{bmatrix}^T$ 的约束方程。将约束方程系数矩阵记为 D，等式右端非齐次项记为 d，约束方程就可表示为 $Dk = d$，然后利用最小二乘法解算可得：

$$k = \begin{bmatrix} k_1 \\ k_2 \end{bmatrix} = (D^T D)^{-1} D^T d \tag{6-21}$$

至此，摄像机畸变矫正参数已经标定好。那么，接下来就是对畸变后的像素坐标 $(\hat{u}, \hat{v})$ 和理想的无畸变的像素坐标 (u, v) 进行求解。

理想的无畸变的像素坐标 (u, v) 可以通过识别角点获得。畸变后的像素坐标 $(\hat{u}, \hat{v})$ 则可用如下方法近似求得。先计算得到世界坐标系下每一个角点的坐标 (U, V)，利用外参矩阵 $\begin{bmatrix} R_1 & R_2 & T \end{bmatrix}$ 和内参矩阵 A 进行反投影，再消去尺度因子 Z，即可得到畸变后的像素坐标 $(\hat{u}, \hat{v})$。当然，因为外参矩阵和内参矩阵是在有畸变的情况下获得的，这里得到的像素坐标 (u, v) 并不是完全理想无畸变的。但是整体来说，在进行内参矩阵和外参矩阵的求解时，我们假设不存在畸变；在进行畸变系数的求解时，我们假设求得的内参矩阵和外参矩阵都是无误差的。最后，我们通过算法对参数进行迭代优化。

6.4 标定测量

在同一场景中，分别采用直接线性标定法和张正友标定法对摄像机进行标定，分析标定精度。图 6-6 所示为试验用的双目视觉图像采集系统。为了能通过双目摄像机获取最大的视野范围，采用的是汇聚式立体视觉模型。

图 6-6 双目视觉图像采集系统

试验选用的摄像机为 ZED 双目摄像机。该摄像机的具体参数见表 6-1。

表 6-1　ZED 摄像机参数表

项目	参数	项目	参数
传感器类型	CMOS	图像类型	JPEG
有效像素	1800 万	接口类型	USB3.0
最高分辨率	1344×376	外形尺寸	175 mm×30 mm×33 mm
最高帧率	100 帧/s	曝光补偿	自动曝光

6.4.1　直接线性标定法试验

采用如图 6-7 所示标定架,该标定架的 X、Y、Z 轴三个方向两两垂直且不易变形,可保证标定精度。由于对每一幅图像通过鼠标点击标定点来获得其图像坐标,所以在标定架的 8 个角点上贴有颜色鲜艳的标示物,方便 8 个角点的选取。

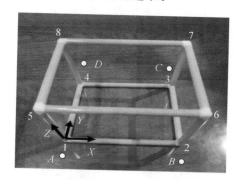

图 6-7　直接线性标定法标定架

标定架的尺寸为 520 mm×520 mm×520 mm,假定角点 1 为坐标原点,可知 1~8 号角点的相对坐标分别为 $(0,0,0)$、$(520,0,0)$、$(520,520,0)$、$(0,520,0)$、$(0,0,520)$、$(520,0,520)$、$(520,520,520)$、$(0,520,520)$。桌面上的 A、B、C、D 四个点用以确定一个平面,保证随后的张正友标定法试验和待测物的放置均在此平面的上方进行。

标定计算完成后,8 个角点的理论坐标和计算坐标的对比结果如表 6-2 所示。

表 6-2　标定点重建计算结果与实际结果对比

标定点	实际坐标			计算坐标			X、Y、Z 方向平均误差/(%)
	X	Y	Z	X	Y	Z	
1	0	0	0	−3.38	4.01	2.84	0.11
2	520	0	0	518.52	−0.82	−3.65	0.65
3	520	520	0	523.44	3.14	4.56	0.25
4	0	520	0	265.12	−0.16	521.20	0.31
5	0	0	520	−0.45	256.19	164.12	0.21
6	520	0	520	10.60	523.14	2.35	0.61
7	520	520	520	265.41	284.13	−13.5	0.54
8	0	520	520	516.03	541.26	254.31	0.36

从表 6-2 中可以看出,通过标定计算重建出的 8 个角点的三维坐标误差可以控制在 1%内。引起误差的原因包括图像成像过程中的畸变、手动选取目标点时的偏差等。对误差较大的特征点可以通过重新点击其像素点的方式来达到提高精度的目的。

6.4.2 张正友标定法试验

采用棋盘对张正友标定法进行标定试验,标定步骤如下。

(1)制作平面标定模板。

标定模板是打印出来的一个 7×5 的黑白方格棋盘,每个棋盘方格的尺寸为 81 mm×51 mm,棋盘模板粘贴在质地坚硬的塑料板上,以保证模板平整。

(2)左右摄像机采集标定模板图像。

本试验采用 8 张在不同位置拍摄的图像。

(3)棋盘角点检测。

角点检测是为了获得棋盘角点的二维图像坐标数据,采用 Harriss 角点检测算法,检测结果如图 6-8 所示。

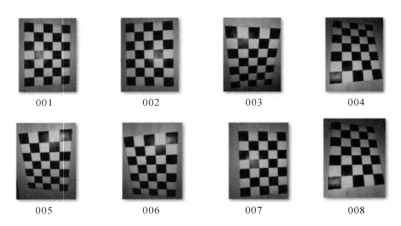

001 002 003 004

005 006 007 008

图 6-8　棋盘标定图像及角点检测结果

为了检验标定精度,采用反投影误差来计算摄像机内外参数的误差。反投影误差是在标定模板上提取出的角点坐标与通过投影计算出的图像坐标之差的平方和。其计算公式如式(6-22)所示。

$$E = \frac{\sum_{i=1}^{n} \sqrt{(U_i - u_i)^2 + (V_i - v_i)^2}}{n} \tag{6-22}$$

式中:n 是标定点的个数;(U_i,V_i) 是从标定模板图像上提取出来的角点坐标;(u_i,v_i) 是利用标定结果对实际三维坐标投影得到的图像坐标。先求得一幅图像的误差,再对每个摄像机拍摄的所有图像的误差求平均值,得到每个摄像机的标定精度。经计算,左摄像头的投影误差是 0.2200,右摄像头的投影误差是 0.2224,误差级别低于一个像素。

产生误差的原因包括:

① 标定模板的加工精度。棋盘模板的加工质量是影响图像处理算法提取角点精度的主

要因素。

② 标定模板的放置。在对棋盘模板进行拍摄时,应该尽量使其充满视场,因此,应多选择视场中的几个位置进行拍摄。另外,棋盘模板应向不同方向倾斜,且以倾斜 45°为最优。

③ 拍摄标定图像的数量。一般而言,图像越多,标定精度越高,但是会使得标定计算量增加。而且在图像增加到一定数量时,标定精度将趋于稳定。根据试验,选择 9 张图像可在标定精度和计算量两方面达到较好的平衡。

④ 双目视觉系统的同步拍摄。虽然本试验所采用的标定图像属于静态拍摄,但是摄像机拍摄的同步性仍能影响标定精度,所以应采用同步采集。

上述标定计算得到的数据结果如下。

内参数矩阵为

$$A_1 = \begin{bmatrix} 745.42 & 0 & 352.16 \\ 0 & 743.26 & 249.95 \\ 0 & 0 & 2.00 \end{bmatrix}$$

$$A_2 = \begin{bmatrix} 799.42 & 0 & 352.16 \\ 0 & 799.26 & 249.95 \\ 0 & 0 & 1.00 \end{bmatrix}$$

$$D_1 = \begin{bmatrix} -0.01758 & 0.3541 & -0.0005 & -0.0241 \end{bmatrix}$$

$$D_2 = \begin{bmatrix} -0.01438 & 0.3651 & -0.0025 & -0.0287 \end{bmatrix}$$

其中,A_1、A_2 和 D_1、D_2 分别为左右摄像机的内参矩阵和径向畸变矩阵。

外参数矩阵为

$$R_1 = \begin{bmatrix} -0.01654 & 0.8541 & 0.5624 \\ 0.9562 & -0.1654 & 0.2451 \\ 0.2687 & 0.5416 & -0.2147 \end{bmatrix}$$

$$R_2 = \begin{bmatrix} -0.01354 & 0.7541 & 0.6524 \\ 0.7662 & -0.1854 & 0.4451 \\ 0.3287 & 0.5516 & -0.1247 \end{bmatrix}$$

$$T_1 = \begin{bmatrix} -125.3 & 0.2356 & 1456.03 \end{bmatrix}$$

$$T_2 = \begin{bmatrix} -365.3 & 0.8456 & 1498.03 \end{bmatrix}$$

其中,R_1、R_2 和 T_1、T_2 分别为左右摄像机的旋转矩阵和位移矩阵。

课 后 习 题

1. 双目视觉测距与单目视觉测距的主要区别在哪里?
2. 简述两种视觉模型的优缺点。
3. 简述摄像机标定的重要性及实际意义。
4. 直接线性标定法和张正友标定法各自适用于什么样的实际场景?

第7章 传感器技术概论

7.1 概述

随着时代发展和技术进步,社会主义生产需求也在不断提升,相关产业升级的难度也越来越大,因此对生产技术的要求也在不断提高。在这种环境的推动下,传感器技术也得到了快速发展,相关技术水平提升巨大。早在20世纪早期,世界各国就已经先后开始了对传感器技术的探索研究。在当今社会中,传感器技术在日常生活工作中已经十分常见,大到工业生产、医疗器械,小到家庭用具、娱乐设施,都包含着传感器技术的应用。传感器就是机器的"感官",是机器感知外界环境、获取相关信息的重要工具。

多样的环境要素限制使得传感器的种类繁多,因此需要多样化的命名规则来对传感器进行区分。本章主要介绍传感器的基本知识、传感器命名方法、传感器的标定与特性以及传感器技术的发展等内容。推动传感器技术的发展进步,对于我国实现"十四五"制造业规划、推动相关工业产业升级、加快构建新发展格局、提升产业链供应链韧性和安全水平等相关工作都有着重要意义和作用。

7.2 传感器的基本知识

7.2.1 传感器的定义

人类通过感觉器官来获取外界信息,感知自然环境变化。对机器人而言,传感器就是其感觉器官,机器人通过各类传感器感知外界信息,然后传感器将接收的外界信息按照一定规律转换成对应的输出信号并反馈给机器人的控制器。在这些信息的帮助下,控制器可以发出相应的指令,使机器人完成所需动作。

我国的国家标准 GB/T 7665—2005 将传感器定义为:能感受规定的被测量并按照一定的规律(数学函数法则)转换成可用信号的器件或者装置。通常情况下,传感器由敏感元件和转换元件组成。

传感器常应用于水下勘探、核反应堆及生物医学等不同的前沿领域,因此,传感器具有涉及多学科知识、工艺要求高、品类繁多和应用广泛等特点。

7.2.2 传感器的组成和分类

1. 传感器的组成

由传感器的定义可知,传感器一般由敏感元件和转换元件两个部分组成。其中敏感元件实现检测功能,转换元件实现转换功能。

然而仅由这两部分组成的传感器通常存在输出信号薄弱的问题。针对该问题,一般会加装转换电路,转换电路可以放大信号并将信号转换成更容易传输和处理的类型。因此,常见的传感器实际上由敏感元件、转换元件和转换电路三部分组成,如图 7-1 所示。

图 7-1　传感器的组成框图

(1)敏感元件:能直接检测被测量对象的非电量,并且将其按照一定规律转换成另一非电量的元件。其中转换后的非电量与被测量具有确定的关系。

(2)转换元件:能将敏感元件输出的另一非电量转换成电量的元件,故又称为变换器。

(3)转换电路:用于将转换元件输出的微弱电量转换并放大成便于检测的可用电信号。转换电路具有不同的类型,选择何种转换电路又取决于转换元件的类型。因此,转换电路是传感器的组成环节之一。

需要指出的是,有时候敏感元件和转换元件无法明显区分开,例如热电偶、光电器件、半导体气敏和湿敏传感器等,上述元件可直接将被测量转换为电信号输出,即敏感元件和转换元件合二为一。

2. 传感器的分类

由于传感器种类繁多,涉及多学科知识且面向多种类别的检测对象,从不同的角度出发,就会有不同的传感器分类方法。因此,目前对于传感器尚未有统一的分类方法。下面简介几种常用的传感器分类。

1)按工作原理分类

按照传感器的工作原理,可将传感器分为电阻式传感器、电容式传感器、电感式传感器、压电式传感器、磁电式传感器、热电式传感器、光电式传感器、光纤式传感器、波式传感器等。

2)按输出量分类

按照传感器的输出量不同,可将传感器分为模拟式和数字式。其中模拟式是指输出量为模拟信号,如电压、电流等信号的传感器;数字式则是指输出量为数字信号,如脉冲、编码信号的传感器。

3)按被测量(输入量)分类

按照被测量种类不同,可将传感器分为位移传感器、压力传感器、速度传感器、振动传感器、温度传感器、湿度传感器、气敏传感器、磁敏传感器、能耗传感器、液面传感器等。按照被测量分类直观地体现了传感器的功能和用途,有助于用户快速选择适用的传感器。

4)按基本效应分类

按传感器将被测量转换成输出量时采用的基本效应不同,可将传感器分为物理型、化学型、生物型等。

除了上述几种分类方法,传感器还可以按照构成原理分为结构型和物性型传感器,按照能量关系分为能量转换型传感器和能量控制型传感器,按照新型传感器分类可分为视觉传感器、触觉传感器、激光传感器、编码器、超声波传感器等。

7.3 传感器命名方法

为规范传感器命名,我国制定了国家标准 GB/T 7666—2005《传感器命名法及代码》和 GB/T 14479—1993《传感器图用图形符号》,作为国家统一的传感器命名及图形符号依据。

1. 传感器命名

国家标准规定传感器的命名由主题词加四级修饰语构成。

(1) 主题词——传感器;

(2) 第一级修饰语——被测量,包括修饰被测量的定语;

(3) 第二级修饰语——转换原理,一般可后续以"式"字;

(4) 第三级修饰语——特征描述,指必须强调的传感器结构、性能、材料特性、敏感元件及其他必要的特征性能,一般后续以"型"字;

(5) 第四级修饰语——主要技术指标(量程、精确度、灵敏度等)。

需要指出的是,当对传感器的产品名称时,除第一级修饰语外,其他各级可视产品的具体情况任选或者省略。

以下举几个简单的范例解释传感器命名法。

范例 1:传感器,位移,应变[计]式,100 mm;

范例 2:传感器,声压,电容式,100～160 dB;

范例 3:100 mm 应变式位移传感器;

范例 4:100～160 dB 电容式声压传感器。

注:范例 1、2 是在题目中的用法,本命名法在有关传感器的统计表格、图书索引、检索以及计算机汉字处理等特殊场合使用;范例 3、4 是在正文中的用法,在技术文件、产品样本、学术论文、教材及书刊的陈述句子中使用该方法命名。

2. 传感器代号

国家标准规定用大写汉语拼音字母(或国际通用标志)和阿拉伯数字构成传感器完整的代号。

传感器的完整代号包括以下四部分:

(1) 主称(传感器);

(2) 被测量;

(3) 转换原理;

(4) 序号。

注:在被测量、转换原理、序号三部分代号之间必须有连字符"-"连接。传感器代号格式如图 7-2 所示。

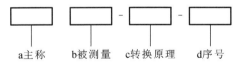

图 7-2 传感器代号格式

图 7-2 中各部分代号的意义如下：

（1）主称即传感器，用汉语拼音字母"C"标记。

（2）被测量，用其一个或两个汉字汉语拼音的第一个大写字母标记（详见表 7-1）。当这组代号与该部分的另一个代号重复时，则用其汉语拼音的第二个大写字母作代号。依此类推。当被测量有国际通用标志时，应采用国际通用标志。当被测量为离子、粒子或气体时，可用其元素符号、粒子符号或者分子式加圆括号"（）"表示。

（3）转换原理，用其一个或者两个汉字汉语拼音的第一个大写字母标记（详见表 7-2）。当这组代号与该部分的另一个代号重复时，则用其汉语拼音的第二个大写字母作代号。依此类推。

（4）序号，用阿拉伯数字标记。序号可表征产品设计特征、性能参数、产品系列等。如果传感器产品的主要性能参数不改变，仅在局部有改进或改动，其序号可在原序号后面顺序地加注大写汉语拼音字母 A、B、C……（其中 I、O 两个字母不用）。序号及其内涵可由传感器生产厂家自行决定。

常用被测量代号和常用转换原理代号详见表 7-1 和表 7-2。

表 7-1　常用被测量代号举例

被测量	代号	被测量	代号	被测量	代号
压力	Y	黏度	N	氢离子活[浓]度	(H^+)
真空度	ZK	浊度	Z	pH 值	(pH)
力	L	硬度	YD	DNA	PT
重量（称重）	ZL	流向	LX	葡萄糖	NS
应力	YL	扭矩	NJ	角速度	JS
剪切应力	QL	速度	V	转速	ZS
力矩	LJ	线速度	XS	流速	LS

表 7-2　常用转换原理代号举例

转换原理	代号	转换原理	代号	转换原理	代号
电容	DR	分子信标	FX	热辐射	RF
电位器	DW	光导	GD	热释电	RH
电阻	DZ	光伏	GF	热离子化	RL
电磁	DC	光纤	GX	伺服	SF
电感	DG	光栅	GS	石英振子	SZ
电离	DL	霍尔	HE	隧道效应	SD
电化学	DH	红外吸收	HX	声表面波	SB

示例 1：压阻式压力传感器

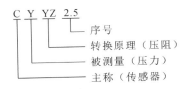

```
C  Y  YZ  2.5
            └── 序号
        └────── 转换原理（压阻）
    └────────── 被测量（压力）
 └───────────── 主称（传感器）
```

示例 2：电磁式流量传感器

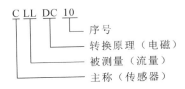

```
C  LL  DC  10
            └── 序号
        └────── 转换原理（电磁）
    └────────── 被测量（流量）
 └───────────── 主称（传感器）
```

3. 传感器图形标号

国家标准规定传感器的一般符号由符号要素正方形和等边三角形构成，如图 7-3 所示。图中正方形轮廓符号表示转换元件，三角形轮廓符号表示敏感元件。同时，在轮廓符号内填上或加入适当的限定符号或代号，用以表示传感器的功能。

图 7-4 所示为几种常用传感器图形符号，更多常用传感器图形符号示例详见国标 GB/T 14479—1993《传感器图用图形符号》。

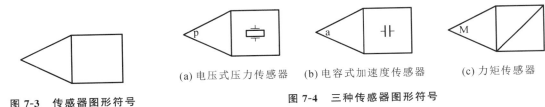

(a) 电压式压力传感器　　(b) 电容式加速度传感器　　(c) 力矩传感器

图 7-3　传感器图形符号　　　　　　图 7-4　三种传感器图形符号

7.4　传感器的标定与特性

7.4.1　传感器标定

传感器的标定过程就是通过分析已知输入量和该输入量经由传感器后的输出量之间的关系，最终得到传感器输入输出特性的过程。一般情况下，传感器标定过程需要以国家和地方计量部门的检定规程作为依据，以此来选择标定条件和仪器设备。

传感器标定是一个十分重要的环节，保证了传感器量值传递的准确性，因此，任何传感器都必须对设计指标进行标定试验。特别是对于新型传感器，必须进行标定后才能得到准确的标定数据，进而通过标定数据完成量值传递。并且，标定数据更是改进传感器的一个重要依据。同时，传感器标定还具有对其技术指标进行复测（校准）的功能，能够对使用过一段时间或存储过一段时间的传感器进行数值校准，确保传感器的性能指标。特别地，对于损坏或故障后修复的传感器，在重新投入使用前，也应该进行标定试验，避免其性能发生改变而导致后续问题。为此，传感器标定是保证传感器质量和改善传感器性能的重要手段，也是必要手段。

7.4.2　传感器基本特性

传感器的特性主要指输入、输出关系特性,其输入-输出特性反映的是与内部结构参数有关系的外部特征,通常用静态和动态特性来描述。

1. 静态特性

传感器的静态特性是指当被测量的数据值处于稳定状态时输入量与输出量的关系。只有传感器在一个稳定状态,表示输入与输出的关系式中才不会出现随时间变化的变量。衡量静态特性的重要指标有线性度、灵敏度、迟滞、重复性、分辨力、稳定性、漂移和可靠性等。

1)线性度

线性度是指传感器输入量与输出量之间的静态特性曲线偏离直线的程度,又称为非线性误差,表示传感器实际特性曲线与拟合直线(也称为理论直线)之间的最大偏差。线性度可通过传感器满量程输出的百分比表示,且线性度越小越好。线性度的计算公式如下:

$$\xi_{L} = \frac{\Delta Y_{L,\max}}{Y_{FS}} \times 100\% \tag{7-1}$$

式中:$\Delta Y_{L,\max}$ 为传感器的校准曲线对参比直线的最大偏差,$\Delta Y_{L,\max} = \max(\overline{y_i} - Y_i)$,其中 $\overline{y_i}$ 为传感器在第 i 个校准点处的总平均特性值,Y_i 为传感器在第 i 个校准点处的参比特性值;Y_{FS} 为传感器的满量程输出。

需要指出的是,在静态特性的相关公式中,涉及拟合特性和给定特性的输出值用大写字母 Y 表示,实际输出值用小写字母 y 表示。

在实际使用中,大部分传感器的静态特性曲线是非线性的。可以用一条直线(切线或割线)近似地代表实际曲线的一段,使输入-输出特性线性化,这条直线通常被称为拟合直线。图 7-5 所示为几种拟合直线。

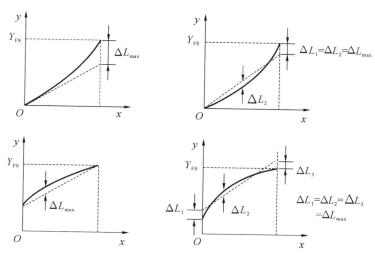

图 7-5　几种拟合直线

2)灵敏度

灵敏度是指传感器在稳定工作状态下输出变化量与输入变化量之比,用 k 来表示:

$$k = \frac{\Delta y}{\Delta x} \qquad\qquad (7-2)$$

式中：Δy 为输出量的增量；Δx 为输入量的增量。

灵敏度表征传感器对输入量变化的反应能力。对线性传感器而言，灵敏度是该传感器特性曲线的斜率。而对非线性传感器而言，灵敏度是一个随着工作点变化的变化量，实际是该点的导数，如图 7-6 所示为非线性传感器的输入-输出特性曲线。

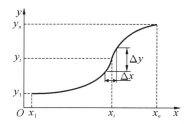

图 7-6　非线性传感器的输入-输出特性曲线

3）迟滞现象

迟滞也称为滞后、回差，是传感器在规定的测量范围内，其输入量正行程（增大）期间和输入量反行程（减小）期间任一被测量值处输出量的最大差值。

迟滞现象是指传感器在输入量由小到大（正行程）和输入量由大到小（反行程）变化时其输入-输出特性曲线不重合的程度。对于同一大小的输入量，传感器的正、反行程的输出量大小是不相等的。如图 7-7 所示为传感器迟滞现象的曲线。

传感器出现迟滞现象主要是由传感器中敏感元件材料的机械磨损、部件内部摩擦、积尘、电路老化、松动等原因引起的。

迟滞的大小通过迟滞误差表示。迟滞误差是指对应同一输入量的正、反行程输出值之间的最大差值与满量程值的百分比，通常用 γ_H 表示，即

$$\gamma_H = \pm \frac{\Delta H_{max}}{Y_{FS}} \times 100\% \qquad\qquad (7-3)$$

式中：ΔH_{max} 为正、反行程输出值之间的最大差值。

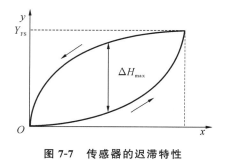

图 7-7　传感器的迟滞特性

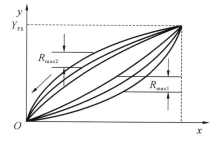

图 7-8　传感器的重复性

4）重复性

如图 7-8 所示，重复性是指传感器在输入量按照同一方向做全量程多次测试时，所得到的输入-输出特性曲线不一致的现象。多次测量时按照相同输入条件测试出的特性曲线重合度

越高,传感器的重复性越好,误差越小。

重复性误差是指各测量值正、反行程标准偏差的两倍或三倍与满量程值的百分比,通常用 γ_R 表示,即

$$\gamma_R = \pm \frac{(2 \sim 3)\sigma}{Y_{FS}} \times 100\% \tag{7-4}$$

式中:σ 为正、反行程标准偏差。

重复性误差也可以用正、反行程中的最大偏差 ΔR_{max} 表示,即

$$\gamma_R = \pm \frac{1}{2} \frac{\Delta R_{max}}{Y_{FS}} \times 100\% \tag{7-5}$$

式中:ΔR_{max} 为正、反行程中的最大偏差。

5) 分辨力

分辨力是指传感器能够检测出的被测量的最小变化量。当被测量的变化量小于分辨力时,传感器对输入量的变化不会出现任何反应。对数字式仪表而言,如果没有其他说明,可以认为该表的最后一位所表示的数值就是它的分辨力。分辨力如果以满量程输出的百分数表示,则称为分辨率。

6) 稳定性

稳定性是指传感器在一个较长的时间内保持其性能参数的能力。

稳定性一般用在室温条件下经过一定时间(比如一天、一个月或者一年)的间隔后,传感器此时的输出与起始标定时的输出之间的差异来表示,这种差异称为稳定性误差。稳定性误差通常可由相对误差和绝对误差表示。

7) 漂移

漂移是指在外界的干扰下,在一定时间内,传感器输出量发生与输入量无关的不需要的变化。漂移通常包括零点漂移和灵敏度漂移,如图 7-9 所示。产生漂移的主要原因有两个:一是仪器自身参数的变化;另一个是周围环境导致的输出变化。零点漂移或灵敏度漂移又可分为时间漂移和温度漂移。时间漂移是指在规定的条件下,零点漂移或灵敏度漂移随时间的缓慢变化。温度漂移是指环境温度变化引起的零点漂移或灵敏度漂移。

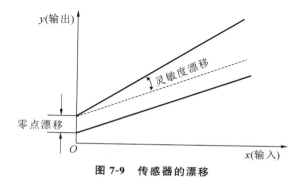

图 7-9　传感器的漂移

8) 可靠性

可靠性是指传感器在规定的条件下和时间内,完成规定功能的能力。衡量传感器可靠性的指标如下:

（1）平均无故障时间。平均无故障时间是指传感器或检测系统在正常的工作条件下，连续不断地工作，直到传感器发生故障而丧失正常工作能力所用的时间。

（2）平均修复时间。平均修复时间是指排除故障所花费的时间。

（3）故障率。故障率也称为失效率，它是平均无故障时间的倒数。

2. 动态特性

传感器的动态特性就是当输入信号随时间变化时输入与输出的响应特性。通常要求传感器能够迅速准确地响应和再现被测信号的变化，这也是传感器的重要特性之一。

在评价传感器的动态特性时，最常用的输入信号为阶跃信号和正弦信号，与其对应的方法为阶跃响应法和频率响应法。

1）阶跃响应法

研究传感器的动态特性时，在时域状态中分析传感器的响应和过渡过程被称为时域分析法，这时传感器对输入信号的响应就称为阶跃响应。如图 7-10 所示为阶跃响应特性曲线。

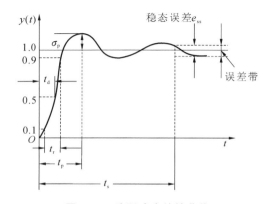

图 7-10　阶跃响应特性曲线

衡量传感器阶跃响应特性的几项指标如下：

（1）最大超调量 σ_p：阶跃响应特性曲线偏离稳态值的最大值，常用百分数表示。

（2）延滞时间 t_d：阶跃响应特性曲线达到稳态值 50% 所需的时间。

（3）上升时间 t_r：阶跃响应特性曲线从稳态值的 10% 上升到 90% 所需的时间。

（4）峰值时间 t_p：阶跃响应特性曲线从稳态值零上升到第一个峰值所需的时间。

（5）响应时间 t_s：阶跃响应特性曲线达到与稳态值之差不超过 $\pm(5\%\sim2\%)$ 所需要的时间。

（6）稳态误差 e_{ss}：期望的稳态输出量与实际的稳态输出量之差。控制系统的稳态误差越小说明系统控制精度越高。

2）频率响应法

频率响应法是从传感器的频率特性出发来研究传感器的动态特性。此时传感器的输入信号为正弦信号，对应的响应特性为频率响应特性。大部分传感器可简化为单自由度的一阶系统或者单自由度的二阶系统，即

$$H(j\omega) = \frac{1}{\tau(j\omega) + 1}$$

（7-6）

式中:τ 为时间常数。

$$H(\mathrm{j}\omega) = \cfrac{1}{1 - \left(\cfrac{\omega}{\omega_n}\right)^2 + 2\mathrm{j}\omega\cfrac{\omega}{\omega_n}} \qquad (7\text{-}7)$$

式中:ω_n 为传感器的固有频率。

衡量传感器频率响应特性的几项指标如下:

(1)频带:传感器的增益保持在一定频率范围内,这一频率范围称为传感器的频带或通频带,对应有上截止频率和下截止频率。

(2)时间常数:可用时间常数 τ 来表征传感器单自由度一阶系统的动态特性。时间常数 τ 越小,频带越宽。

(3)固有频率:传感器单自由度二阶系统的固有频率 ω_n 可用来表征其动态特性。

7.5 典型的机器人传感器

视觉传感器、触觉传感器、超声波传感器等都是工业机器人常用的传感器。各种传感器相当于工业机器人的眼、耳、口、鼻和手,帮助工业机器人识别自身的运动姿态和所处环境,然后将信号传递给机器人的控制器,控制机器人完成指定动作。下面对工业机器人常用的几种传感器(表 7-3)进行简单的介绍。

表 7-3 工业机器人传感器

传感器类型	获得的信息	在工业机器人中的应用
视觉传感器	图像	人机协作、导航、机械手控制、装配、机器人编程
触觉传感器	力、面积、位置	人机协作、物体抓取、质量监控
激光传感器	距离、位移	人机协作、导航、操纵器控制
接近觉传感器	物体接近	人机协作、物体抓取
超声波传感器	距离	障碍物回避
磁性传感器	磁场强度	航行
惯性传感器	加速度、角速度、方位角	导航、操纵器控制
编码器	角位移	导航、操纵器控制

1. 视觉传感器

近年来,视觉传感技术发展迅速,目前在三维重建、人脸识别和多机联合等领域的应用已经十分成熟。视觉传感器采集到的图像信息经由机器人处理器处理,提取出有用的信息。

常用的视觉传感器主要是各种类型的摄像机,例如 RGB 摄像机、多光谱摄像机和深度摄像机。摄像机中的光敏元件通常是 CCD 或者 CMOS,它们都是利用光电效应原理,将光信号转换成电信号,继而转换成数字信号。不同类型的摄像机有不同的原理,可以提供不同的信息。RGB 摄像机是人们日常生活中使用最多的一种摄像机,其原理是通过红、绿、蓝 3 种颜色及其组合来获取各种可见颜色。多光谱摄像机能够获取不同波段的图像,包括可见光和不可见光波长,因此可以获得一些 RGB 摄像机无法提供的信息。深度摄像机则将距离信息加入二维图像中,实现了立体成像。

视觉传感器因其成本低、信息丰富、使用方便等优点而广受欢迎。然而,视觉传感器的数据处理是复杂和耗时的。虽然研究者们提出了几种算法,但其适用性和灵活性还不是很令人满意。

2. 触觉传感器

和人类通过触觉感知一样,工业机器人也需要触觉传感器来对环境进行感知。因此,触觉传感器就成了工业机器人智能化的必备元件,它使工业机器人具备了靠触觉来感知的能力。

根据原理不同,触觉传感器主要有 4 种类型:压电式、压阻式、电容式和光学原理式。压电式触觉传感器基于压电效应原理,即在外界力的作用下,压电材料表面因形变会产生电压。它的频率响应好,测量范围大,但分辨率不是很理想。压阻式触觉传感器基于压阻效应原理,即施加外力时自身电阻会产生变化。它测量范围大,鲁棒性好,但是迟滞效应较大。电容式触觉传感器利用电容的变化来测量接触力。其空间分辨率高,功耗低,但抗干扰能力差。基于光学原理的触觉传感器靠检测光的参数变化间接感知外界的接触信息。优点是抗干扰能力强,具有很高的空间分辨率。

虽然触觉传感器越来越受到关注,但其多功能性和适应性等性能目前还不尽如人意。它们的发展依赖于各种领域技术的进步,如材料、电子学、相关算法等。要达到等同于人类触觉感知的水平,还需要更深入的研究。

3. 激光传感器

激光发明于 20 世纪,由于其在单色性、方向性和亮度方面都有出色的性能,因此被广泛应用于各种场合。

激光传感器主要由测量电路、激光器和光电探测器等组成。激光器分为 4 种类型:固体、液体、气体和半导体激光器。激光传感器主要用于对距离、速度和振动等物理参数的测量,常见的有激光测距仪、激光位移传感器、激光扫描仪、激光跟踪器等。激光测距的基本原理主要包括 3 种:飞行时间(TOF)、三角测量法和光学干涉法。飞行时间是指从发射激光到接收到反射光的总时间。在激光测距仪中,由于光速太高,测距精度取决于飞行时间的测量精度。三角测量法利用三角形理论和三角函数来计算物体之间的距离。激光位移传感器就是基于这种方法来实现短距离测量的。两束相位不同的光束叠加后形成明暗条纹的现象称为光的干涉。此原理被用于激光跟踪器中,可以测量装有反射镜的目标的移动距离。

激光传感器能够遥感测量,测量速度和精度都令人满意。但是,激光波长容易受温度、大气压力和空气湿度变化的影响。当上述参数发生变化时,需要进行补偿才能实现更高精度的测量。

4. 编码器

编码器可将角位移或角速度转换为电脉冲或数字量。编码器根据检测原理可分为光电式、磁式、电感式和电容式。光电编码器是其中最常用的,其将光信号转变为电信号。根据编码盘的校准方式,光电编码器又分为增量式和绝对式。增量式光电编码器的输出是一系列方波脉冲,旋转角度可以通过记录脉冲的数量计算出来,但是需要一个参考位置作为转轴的零点绝对位置。绝对式光电编码器轴上的每个位置都对应有唯一的二进制数字量,因此可以直接得到绝对位置。

编码器因其结构紧凑、使用寿命长、使用方便、技术成熟等优点而被广泛应用。编码器的分辨率取决于编码盘上刻线的数量。更多的线能够识别较小的角度,从而产生更高的分辨率,当然成本也会更高。

5. 其他传感器

除上述 4 种传感器外,工业机器人中还部署了一些传感器来实现多种功能,如接近觉传感器、惯性传感器、扭矩传感器、声波传感器、磁传感器、超声波传感器等。

接近觉传感器能够检测到物体是否接近,并输出相应的开关信号。根据操作原理可分为电容式、电感式和光电式。电容式接近觉传感器利用检测电极的电容变化引起的电路状态变化来感知接近的物体。电感式接近觉传感器基于电磁感应原理,它们的传感元件是检测线圈,当金属物体靠近时,其电感量会发生变化。光电式接近觉传感器通常由发光二极管和光电探测器件组成。当物体接近时,发光二极管发出的光被反射到光电探测器件上,通过检测电路产生相应输出信号。

惯性传感器包括加速度计、陀螺仪和磁强计。通常,三者的组合被称为惯性测量单元(IMU)。惯性传感器被广泛用于测量运动物体的运动参数,比如加速度、角速度和方位角。惯性传感器的测量原理是航位推算(DR),利用积分的方法来计算物体的运动量。惯性传感器的精度在短时间内是令人满意的,但是长时间漂移误差较大。

扭矩传感器主要用于测量施加在机械轴上的扭矩。常见的类型有感应式和电阻应变式,通常由扭力杆和线圈、电阻应变片等检测元件组成。扭矩传感器通过检测元件参数的变化,将扭矩引起的扭力杆扭转变形转化为电信号,实现扭矩测量。

声波传感器能够把声波转换成电信号。其中装有电容驻极体传声器,声波会引起传声器中驻极体膜的振动,从而产生微弱的电压变化,然后对电压进行后续处理。

磁传感器主要用于检测磁场强度。其原理是霍尔效应。霍尔效应是指当电流流过导体时,会产生一个垂直于磁场和电流方向的电场,从而在导体表面产生电位差的现象。

超声波传感器常用于探测障碍物。根据从发射超声波到探测到回波的时间来估计物体的范围。

7.6　传感器技术的发展

7.6.1　传感器技术的发展过程

第 1 代传感器是结构型传感器,它利用结构参量变化来感受和转化信号。例如:电阻应变式传感器,它是利用金属材料发生弹性形变时电阻的变化来转化电信号的。

第 2 代传感器是 20 世纪 70 年代开始发展起来的固体传感器,这种传感器由半导体、电介质、磁性材料等固体元件构成,是利用材料的某些特性制成的。如利用热电效应、霍尔效应、光敏效应,分别制成热电偶传感器、霍尔传感器、光敏传感器等。

在 20 世纪 70 年代后期,随着集成技术、分子合成技术、微电子技术及计算机技术的发展,出现了集成传感器。集成传感器分为两种类型,一种是传感器本身的集成化,另一种是传感器与后续电路的集成化。例如电荷耦合器件(CCD)、集成温度传感器 AD 590、集成霍尔传感器 UG 3501 等。这类传感器主要具有成本低、可靠性高、性能好、接口灵活等特点。集成传感器发展非常迅速,现已占传感器市场的三分之二左右,它正向着低价格、多功能和系列化方向发展。

第 3 代传感器是 20 世纪 80 年代开始发展起来的智能传感器。所谓智能传感器是指其对外界信息具有一定检测、自诊断、数据处理以及自适应能力,是微型计算机技术与检测技术相结合的产物。80 年代智能化测量主要以微处理器为核心,它把传感器信号调节电路、微计算机、存储器及接口集成到一块芯片上,使传感器具有一定的人工智能。90 年代智能化测量技术有了进一步的提高,在传感器这一级实现了智能化,使其具有自诊断功能、记忆功能、多参量测量功能以及联网通信功能等。

7.6.2 传感器技术的发展趋势

随着科学技术的发展,各国对传感器技术在信息社会的作用有了新的认识,认为传感器技术是信息技术的关键之一。传感器技术的发展趋势之一是开发新材料、新工艺和开发新型传感器;其二是实现传感器的多功能、高精度、集成化和智能化;其三是通过与其他学科的交叉融合,实现无线网络化。

1. 新材料开发

传感器材料是传感器技术的重要基础。材料科学的进步,使传感器技术越来越成熟,传感器种类越来越多。除了早期使用的材料,如半导体材料、陶瓷材料以外,光导纤维以及超导材料的发展,为传感器技术发展提供了物质基础。未来将会有更新式的材料开发出来,如纳米材料等。美国 NRC 公司已开发出纳米 ZrO_2 气体传感器,在控制汽车尾气的排放方面效果很好,应用前景广阔。采用纳米材料制作的传感器具有庞大的界面,可提供大量的气体通道,导通电阻很小,有利于传感器向微型化发展。

2. 发现新现象

传感器本质上利用的是物理现象、化学反应和生物效应等已知规律,故发现新的反映效应有助于发展传感器技术和创新新型传感器。

3. 集成化技术

随着大规模集成电路技术的发展和半导体细加工技术的进步,传感器也逐渐采用集成化技术,实现高性能化和小型化。集成温度传感器、集成压力传感器等早已投入使用,今后将有更多集成传感器被开发出来。

4. 多功能集成传感器

可以同时测量多个被测量的集成传感器称为多功能集成传感器。20 世纪 80 年代末期,日本丰田研究所报道了可以检测 Na^+、K^+ 和 H^+ 的多离子传感器。国内已经研制出的硅压阻式复合传感器,可以同时测量温度和压力等。

5. 智能化传感器

智能化传感器是一种带微处理器的传感器,兼有检测判断和信息处理功能。例如,美国霍尼尔公司的 ST-3000 型传感器是一种能够进行检测和信号处理的智能传感器,具有微处理器和存储器功能,可测差压、静压及温度等。智能化传感器具有测量、存储、通信、控制等特点。

近年来,智能化传感器发展开始同人工智能相结合,创造出各种基于模糊推理、人工神经网络、专家系统等人工智能技术的高度智能传感器,称为软传感技术。它已经在家用电器方面得到应用,相信未来将会更加成熟。智能化传感器是传感技术未来发展的主要方向。

7.6.3　传感器技术的主要应用

传感器在工业生产、生活和科学实验中是不可或缺的,因为在各行各业中都会遇到大量的信息需要处理。随着近年来家用电器、汽车、信息产业等的快速发展,传感器的需求量非常大,这也使得我国的传感器产业得到迅猛的发展和成长。

1. 在航空航天方面的应用

先进航天装备发展的一个重要特征是信息化和智能化,其核心技术是传感技术、通信技术和计算机技术。传感器位于信息采集的最前沿,其发展已越来越受到各国的重视。美国国防部早在 2003 年"国防技术领域计划"中就已经将传感器与电子设备、战场空间环境等一并作为十一个重点发展对象之一,并系统性持续投入充足资源支撑,推进新型传感器技术从原理就绪度到实用就绪度的实现,确保美国在军用传感器领域始终保持全球领先水平,并不断巩固其引领能力。德国一直视军用传感器为优先发展技术,英、法、日等国对传感器的研究投资也逐年上升。2003 年美国《技术评论》评出对世界产生深远影响的十大新兴技术,由美国军方提出并发展的无线传感器网络技术被列为二十一世纪十大新兴技术之首。

传感器作为航天器的"感官"和"神经",遍布航天器的各个关键部位,是确保测得出、测得准、预测对、诊断灵,保障任务成功率的有效手段。例如,运载火箭中的控制系统、动力系统、推进剂利用系统、附加系统、遥测系统,载人飞行器中的故障检测与诊断系统、舱内环境控制与生命保障系统、逃逸救生系统、航天员舱外活动支持系统和再入式登陆系统等,都离不开传感器对航天器各关键部位工作状态的准确检测。

载人航天器舱内密闭空间由于在轨环境的特殊性,在轨舱内环境监测传感器对于航天员的安全至关重要。美国国际空间站就是依靠高灵敏传感器的火灾预警,多次成功避免了国际空间站火灾悲剧的发生。在航天器二次变轨的过程中,需要为航天器提供用于改变飞行方向的推进力,高精度压力传感器用于测量燃料罐压力,是控制点火、开启变轨飞行的关键器件。一旦传感器的测量精度超差或者失效,将直接导致变轨失败。

我国航天任务中也大量使用各种类型的传感器,例如载人运载火箭中,单发使用传感器、变换器数量达到 600 余只,而新一代大型运载火箭单发使用传感器、变换器数量更是超过了1600 只。但通过与美国航天器所用传感器型号的比较分析,可以看出我国对于遥测传感器的用量需求还有大幅的增长空间。

2. 在军事方面的应用

将 MEMS 传感器系统与卫星技术结合使用,便可在既定的空间范围内实现信号传输。由于传感器的质量较小,其可应用在超微型卫星中。但卫星系统的飞行时间较短,这便会影响MEMS 传感器在军事系统中发挥更大的作用。部分国家也将其应用在装甲兵的车用轮胎内,可通过使用卫星技术及探测仪等设备,拓展 MEMS 传感器的应用范围。MEMS 传感器的耐磨性和耐久性均较为理想,可布设在较为恶劣的环境中。在军事方面,可通过战斗机的弹座系统对传感器进行科学测试,提升系统对恶劣环境条件的适应性,以此促使传统 MEMS 传感器芯片在使用期间具有更高的稳定性。此外还可对通信环境和地形进行系统识别,以此提高 MEMS 传感器的应用功能。

3. 在机器人技术中的应用

微动开关是用规定的行程和规定的力进行开关动作的接点结构,用外壳覆盖,外部有驱动杆。它是一种根据运动部件的行程位置而切换电路工作状态的控制电器。微动开关的动作原理与控制按钮相似,部件在运行中,上撞块下压微动开关驱动杆,使其触点动作而实现电路的切换,从而达到控制运动部件行程位置的目的。微动开关包括传动器、外壳、接点、速动机构和端子 5 大部件,其输出是 0 和 1 的高低电平变化,当与外部物体接触并有足够的压力时单片机所能检测到的是由高电平变为低电平。微动开关属于接触式传感器,常常充当机器人触觉。但当微动开关受到连续的振动和冲击时,产生的磨损粉末可能导致接点接触不良、动作失常及耐久性下降等问题。微动开关也不适用于高温、潮湿、高粉尘、易燃易爆气体环境,因此不适合作为极限作业机器人传感器使用。

光电传感器主要用于机器人检测前方是否有障碍物等外部信息。例如电脑鼠 Micro-Mouse 615 上共有 5 组一体式红外线接收传感器,其型号为 IRM8601S,用于测试墙壁信息和测量距离,每组传感器均由红外线发射器和接收器组成。5 组传感器分别用于检测左方、左前方、前方、右前方、右方 5 个方向的迷宫挡板,可以判断出没有障碍物、检测到障碍物和障碍物靠得太近 3 种状态。

灰度传感器主要用于检测地面不同颜色的灰度值,例如在灭火机器人比赛中判断门口白线,在机器人足球比赛中判断其在场地中的位置,在各种轨迹比赛中循轨行走等。以 Buddy Robot X100 型擂台机器人灰度传感器为例,地面灰度深,光敏电阻值大;地面灰度浅,光敏电阻值小。灰度传感器将阻值的变化转变成电信号,通过机器人主板上的模拟口输入机器人微控制器,微控制器中的 A/D 转换器将电信号转换成数字信号控制电机驱动,从而使机器人自动控制在场中的位置。

课 后 习 题

1. 简述传感器的定义,并写出传感器的组成部分。

2. 请说出以下传感器的代号或名称:C WY-YB-20、光纤压力传感器、电磁式流量传感器。

3. 传感器的特性主要指 _____ 、_____ 关系特性,其输入-输出特性反映的是与内部结构参数有关系的外部特征,通常用 _____ 和 _____ 特性来描述。

4. 请说出传感器的静态特性指标,并简述各指标的含义。

5. 请说出传感器的动态特性指标,并简述各指标的含义。

第8章　机器人姿态感知传感器

8.1　概述

机器人在实现各种被需求的功能和动作时,离不开多种传感器的帮助。人类在完成一些复杂动作的时候,需要多重感官(如视觉、听觉、触觉等)相互配合工作。机器人亦是如此,面对复杂工况有时需要多种传感器共同作用才能够精准地完成目标动作。

机器人传感器根据检测对象的不同可以分为内部传感器和外部传感器,如表 8-1 所示。内部传感器是指用来获得机器人自身运动状态参数的传感器,机器人自身运动状态参数包括速度、位移、加速度、位置等参数。外部传感器是指用来获得机器人自身所处环境参数的传感器,主要是可以识别物体的传感器,例如距离传感器、力觉传感器、接近觉传感器等。

表 8-1　机器人传感器的基本种类

内部传感器	位置传感器:电位器、旋转变压器、码盘	
	速度传感器:测速发电机、码盘	
	加速度传感器:应变片式、伺服式、压电式、电动式	
	倾角传感器:液体式、垂直振子式	
	力矩传感器:应变式、压电式	
外部传感器	视觉传感器	测量传感器:光学式(点状、线状、圆形……)
		识别传感器:光学式、声波式
	触觉传感器	触觉传感器:单点式、分布式
		压觉传感器:单点式、高密度集成、分布式
		滑觉传感器:点接触式、线接触式、面接触式
	接近觉传感器	接近觉传感器:光学式(反射光亮、定时……)
		距离传感器:声波式(反射音量、传输时间信息)

本章将对检测机器人位姿的内部传感器进行相关介绍。

8.2　位置传感器

目前为止,一般机器人系统中使用的位置传感器都是编码器。编码器是将物理量转换成数字量的装置。在机器人系统中,编码器将位置、速度和角度等参数转换成数字量,是实现机器人控制的关键环节之一。

编码器以读出方式来分,有接触式和非接触式两种。接触式采用电刷输出,以电刷接触导电区或绝缘区来表示代码的状态是"1"还是"0";非接触式的接收敏感元件是光敏元件或磁敏元件,采用光敏元件时以透光区和不透光区来表示代码的状态是"1"还是"0"。

编码器以测量方式来分,有直线型编码器(光栅尺、磁栅尺)和旋转型编码器两种。

编码器以信号原理(刻度方法及信号输出形式)来分,有增量式编码器、绝对式编码器和混合式三种。

编码器根据检测原理可以分为光电式、磁式、电感式和电容式等,其中最常用的是光电编码器。光电编码器常用于检测机器人的旋转关节或直线运动关节的位置。

接下来将简单介绍几种光电编码器。

8.2.1 增量式编码器(旋转型)

1. 工作原理

旋转编码器由光栅盘(又叫分度码盘)和光电检测装置(又叫接收器)组成。光栅盘是在一定直径的圆板上等分地开通若干个长方形孔制成的。由于光栅盘与电机同轴,电机旋转时,光栅盘与电机同速旋转。发光二极管垂直照射光栅盘,把光栅盘上的图像投射到由光敏元件构成的光电检测装置(接收器)上。光栅盘转动所产生的光变化经转换后以相应变化的脉冲信号输出。

增量式旋转编码器通过两个光敏接收管来转化分度码盘的时序和相位关系,得到分度码盘角度位移的增加量(正方向)或减少量(负方向)。增量式旋转编码器的工作原理如图 8-1所示。

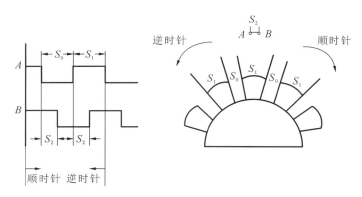

图 8-1　光电编码器工作原理及输出波形

图 8-1 中 A、B 两点的间距为 S_2,分别对应两个光敏接收管,分度码盘的光栅间距分别为 S_0 和 S_1。

当分度码盘匀速转动时,输出波形图中的 $S_0 : S_1 : S_2$ 比值与实际图中的 $S_0 : S_1 : S_2$ 比值相同。同理,当分度码盘变速转动时,输出波形图中的 $S_0 : S_1 : S_2$ 比值与实际图中的 $S_0 : S_1 : S_2$ 比值仍相同。

通过输出波形图可知每个运动周期的时序,如表 8-2 所示。

表 8-2　各运动周期的时序

顺时针运动		逆时针运动	
A	B	A	B
1	1	1	1
0	1	1	0
0	0	0	0
1	0	0	1

　　我们把当前的 A、B 输出值保存起来,与下一个到来的 A、B 输出值做比较,就可以得出分度码盘转动的方向。

　　如果光栅格 S_0 等于 S_1,也就是 S_0 和 S_1 弧度夹角相同,且 S_2 等于 S_0 的 $1/2$,那么可得到此次分度码盘运动位移角度为 S_0 弧度夹角的 $1/2$,再除以所用的时间,就得到此次分度码盘运动的角速度。

　　当 S_0 等于 S_1,且 S_2 等于 S_0 的 $1/2$ 时,$1/4$ 个运动周期就可以得到运动方向位和位移角度。如果 S_0 不等于 S_1,S_2 不等于 S_0 的 $1/2$,那么要 1 个运动周期才可以得到运动方向位和位移角度。

　　实际使用的增量式编码器由一个中心有轴的光电码盘、光敏元件和发光元件等部件组成。当圆盘旋转一个节距时,在发光元件照射下,光敏元件得到图 8-2 所示的光电波形输出。A、B 信号为具有 $90°$ 相位差的正弦波,这组信号经放大器放大与整形得到图 8-2 所示的输出方波。A 相比 B 相超前 $90°$,其电压幅值一般为 5 V。设 A 相超前 B 相时为正方向旋转,则 B 相超前 A 相时即为负方向旋转,利用 A 相与 B 相的相位关系可以判别编码器的正转与反转。Z 相产生的脉冲为基准脉冲,又称为零位脉冲,它是轴旋转一周在固定位置上产生的一个脉冲,由此可获得编码器的零位参考位。A、B 相脉冲信号经频率-电压变换后,得到与转轴转速成比例的电压信号,由此便可测得速度值及位移量。

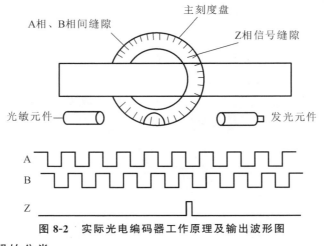

图 8-2　实际光电编码器工作原理及输出波形图

2. 增量式编码器的分类

根据通道数的不同,增量式编码器可以分为以下三类:

（1）单通道增量式编码器：内部只有一对光电耦合器，只能产生一个脉冲序列。

（2）双通道增量式（AB 相）编码器：内部有两对光电耦合器，输出相位差为 90° 的两组脉冲序列，正转和反转时两路脉冲的超前、滞后关系刚好相反。

（3）三通道增量式编码器：内部除了有双通道增量式编码器的两对光电耦合器外，在脉冲码盘的另外一个通道有一个透光段，每转一圈，输出一个脉冲，该脉冲称为 Z 相零位脉冲，用作系统清零信号或坐标的原点，以减少测量的累积误差。

3. 增量式编码器的特点

增量式编码器具有非接触、无摩擦和磨损、体积小、质量轻、机构紧凑、安装方便、维护简单、驱动力矩小、精度高、测量量程大、反应快和数字化输出等特点，故增量式编码器非常适合测速度，可无限累加测量。但是增量式编码器存在有零点累积误差，抗干扰能力较差，接收设备的停机须断电记忆，开机须找零或参考位等问题。若选用绝对式编码器这些问题则可以解决。

8.2.2 绝对式编码器（旋转型）

1. 工作原理

绝对式编码器是通过读取码盘上的图案信息把被测转角直接转换成相应代码的检测元件。码盘有光电式、接触式和电磁式三种。绝对式编码器与增量式编码器的不同之处在于码盘上透光、不透光的线条图形。绝对式编码器的码盘上有许多道光通道刻线，每道刻线依次以 2 线、4 线、8 线、16 线……编排，这样，在编码器的每一个位置，通过读取每道刻线的明、暗，可获得一组从 2^0 到 2^{n-1} 的唯一的二进制编码（格雷码）。

工作时，码盘的一侧放置电源，另一侧放置光电接收装置，每个码道都对应有一个光电管及放大、整形电路。码盘转到不同位置，光电元件接收光信号，并将其转换成相应的电信号，经放大整形后，成为相应数码电信号。

由于制造和安装精度的影响，当码盘回转在两码段交替过程中，会产生读数误差。例如，当四位二进制码盘顺时针方向旋转，由位置"0111"变为"1000"时，这四位数会同时都变化，可能将数码误读成 16 种代码中的任意一种，如读成 1111、1011、1101、…、0001 等，这将产生无法估计的很大的数值误差，这种误差称为非单值性误差。为了消除非单值性误差，码盘编码通常采用格雷码编码。两种码盘如图 8-3 所示。

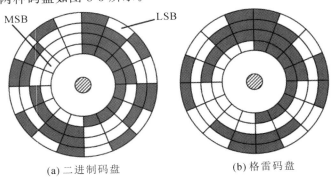

(a) 二进制码盘　　　　　　　　　　　　(b) 格雷码盘

图 8-3　绝对式编码器的码盘

2. 单圈和多圈绝对值编码器

单圈绝对值编码器,在转动中测量光电码盘各道刻线,以获取唯一的编码,当转动超过360°时,编码又回到原点,这样就不符合绝对编码唯一的原则。这样的编码器只能用于旋转范围在 360°以内的测量,称为单圈绝对值编码器。

如果测量旋转范围超过 360°,就要用多圈绝对值编码器。

编码器生产厂家运用钟表齿轮机械的原理,当中心码盘旋转时,通过齿轮传动至另一组码盘(或多组齿轮、多组码盘),在单圈编码的基础上再增加圈数的编码,以扩大编码器的测量范围,这样的绝对式编码器就称为多圈绝对值编码器。它同样是由机械位置确定编码,每个位置编码唯一、不重复,无须记忆。

多圈绝对值编码器的另一个优点是由于测量范围大,实际使用往往富余较多,这样在安装时不必费劲找零点,将某一中间位置作为起始点即可,从而大大降低了安装调试难度。

多圈绝对值编码器在长度定位方面的优势明显,已经越来越多地应用于工控定位中。

8.2.3　直线型光电编码器

直线型光电编码器的工作原理与上述旋转型光电编码器的工作原理十分相似,可以将直线型光电编码器理解为码盘为直尺形的旋转光电编码器。同样的,直线型光电编码器也可以制作成增量式和绝对式。本节只简单介绍直线增量式光电编码器。

直线增量式光电编码器与旋转型编码器的区别在于,分辨率是以栅距表示还是以每转脉冲来表示。

直线增量式编码器的工作原理如图 8-4 所示。从图中可以看到光源经透镜形成平行光束,经过指示光栅(又称扫描光栅、定位光栅)照射到标尺光栅(又称主动光栅、动光栅)上。透过光栅组合的光线在对应的光电器件上产生 A、B、$\overline{A}$、$\overline{B}$和零位 5 个信号。

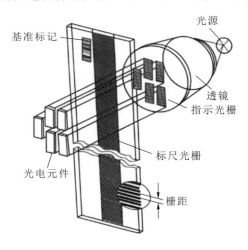

图 8-4　直线增量式光电编码器的原理

8.3 速度传感器

速度传感器用来测量机器人的关节运动速度,同样是实现机器人闭环控制的重要环节之一。即使能够进行速度测量的传感器种类繁多,例如多种用于位置测量的传感器在进行位置测量的同时也可以获得速度信息,但目前为止,机器人控制系统中应用最为广泛的速度传感器是测速发电机。这是因为,尽管有的位置测量传感器在获得位置信息的同时可以获得速度信息,但是测速发电机能够直接测得代表转速的电压,且其实时性远胜于位置测量传感器。在机器人控制系统中,最常见的是以位置为首要目标进行伺服控制,但以速度为首要目标并不常见。当我们需要将机器人运动过程的品质列入考虑的时候,速度传感器和加速度传感器将成为必要的元件。本节仅介绍机器人控制系统中常用的几种速度传感器。根据输出信号形式的不同,可将速度传感器分为模拟式和数字式两种。

1. 模拟式速度传感器

模拟式速度传感器是测速发电机中最常用的一种,属于小型永磁式直流发电机。其工作原理是当励磁磁通恒定时输出电压和转速成正比,即

$$U = kn$$

式中:U 为测速发电机输出电压,单位为 V;n 为测速发电机转速,单位为 r/min;k 为比例系数。

当存在负载时,电流流过电枢绕组,产生电枢反应,从而使得输出电压降低。当负载较大或测量过程中负载发生变化时,线性特性将会被破坏,从而产生误差。因此,为减小误差,必须控制负载尽可能小且性质不变。由于测速发电机与驱动电动机是同轴连接的,因此我们可以测得驱动电动机的瞬时速度。测速发电机在机器人控制系统中的应用如图 8-5 所示。

图 8-5 测速发电机在机器人控制系统中的应用

2. 数字式速度传感器

前文所述的增量式编码器在机器人控制系统中一般用作位置传感器,同时,也可以当作速度传感器来使用。当我们将增量式编码器作为速度检测元件使用时,通常有模拟式和数字式两种使用方法。

1) 模拟式方法

在模拟式方法下,F/V 转换器是不可或缺的关键元件,在选择 F/V 转换器时,我们应该选择温度漂移零点尽量小且具有良好零输入输出特性的。F/V 转换器用于将编码器的脉冲频率输出转换成与速度成正比的模拟电压,需要注意的是,它检测的是电动机轴上的瞬时速度。增量式编码器用作速度传感器时的工作示意图如图 8-6 所示。

2) 数字式方法

前文曾提到,编码器是数字元件,其脉冲个数表示位置,单位时间内的脉冲个数则表示该

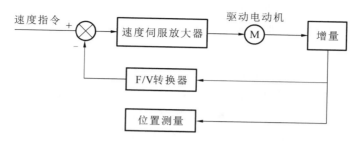

图 8-6 增量式编码器用作速度传感器示意图

时间段内的平均速度。显然,单位时间越短,越能代表瞬时速度,但同时存在一个问题,当单位时间过于短时,只能计到编码器的几个脉冲,这将导致速度分辨率降低。目前有多种办法能在技术上解决该问题。比如,增加一个编码器,采用两个编码器脉冲为一个时间间隔,然后使用计数器记录在该时间段内高速脉冲源发出的脉冲个数,原理如图 8-7 所示。

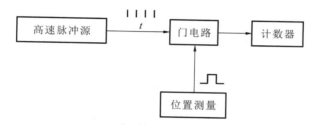

图 8-7 使用编码器的测速原理

设编码器每转输出 1000 个脉冲,高速脉冲源的周期为 0.1 ms,门电路每接收一个编码器脉冲就开启,再接到一个编码器脉冲就关闭,这样周而复始,也就是门电路开启时间是两个编码器脉冲的间隔时间。如计数器的数值为 100,则利用编码器测量速度用到的计算公式如下:

编码器位移 $\Delta\theta = \dfrac{2}{1000} \times 2\pi$

时间增量 $\Delta t =$ 脉冲源周期 $\times$ 计数值 $= 0.1\ \text{ms} \times 100 = 10\ \text{ms}$

速度 $\dot{\theta} = \dfrac{\Delta\theta}{\Delta t} = \left(\dfrac{2}{1000} \times 2\pi\right) / (10 \times 10^{-3}) = 1.26\,(\text{r/s})$

8.4 加速度传感器

加速度传感器是一种能够测量加速度的传感器,通常由质量块、阻尼器、弹性元件、敏感元件和调适电路等部分组成。传感器在加速过程中,通过对质量块所受惯性力的测量,利用牛顿第二定律获得加速度值。根据传感器敏感元件的不同,常见的加速度传感器有电容式、电感式、应变式、压阻式、压电式等。

随着技术的发展,对机器人的高速化和高精度化要求越来越高,因此,由机器人机械运动部分刚性不足所引起的振动问题愈发严重。为解决该振动问题,有时我们在机器人的杆件上安装加速度传感器用于测量振动加速度,然后将其反馈至杆件底部的驱动器上;有时我们将加速度传感器安装在机器人末端执行器上,对测得的加速度进行积分后加入反馈环节中,以此来改善机器人的振动问题,提高机器人的性能。

本节将简单介绍几种常见的加速度传感器。

1. 压电式加速度传感器

压电式加速度传感器基于弹簧质量系统原理,敏感芯体质量受振动加速度作用后产生一个与加速度成正比的力,压电材料受此力作用后沿其表面形成与这一力成正比的电荷信号。压电式加速度传感器具有动态范围大、频率范围宽、坚固耐用、受外界干扰小以及压电材料受力自身产生电荷信号而不需要任何外界电源等特点,是被广泛使用的振动测量传感器。

虽然压电式加速度传感器的结构简单,商业化使用历史也很长,但由于其性能指标与材料特性、设计和加工工艺密切相关,因此在市场上销售的同类传感器的实际性能参数以及其稳定性和一致性差别非常大。与压阻式和电容式相比,压电式加速度传感器不能测量零频率的信号。

压电式加速度传感器的结构如图 8-8 所示。在两块表面镀银的压电晶片(石英晶体或压电陶瓷)间夹有一片金属薄片,并引出输出信号的引线。在压电晶片上放置一块质量块,并用硬弹簧对压电元件施加预压缩载荷。静态预载荷的大小应远大于传感器在振动、冲击测试中可能承受的动应力。这样,当传感器向上运动时,质量块产生的惯性力使压电元件上的压应力增大;反之,当传感器向下运动时,压电元件上的压应力减小,从而输出与加速度成正比的电信号。

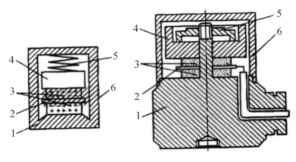

1—基座;2—电极;3—压电晶片;4—质量块;5—弹性元件;6—外壳

图 8-8 压电式加速度传感器结构图

传感器整个组件装在一个基座上,并用金属壳体加以封罩。为了避免测试件的任何应变传递到压电元件上去,基座尺寸较大。测试时传感器的基座与测试件刚性连接。当测试件的振动频率远低于传感器的谐振频率时,传感器输出电荷(或电压)与测试件的加速度成正比,经电荷放大器或电压放大器即可测出加速度。

2. 压阻式加速度传感器

新式的压阻式加速度传感器的结构是由整块硅晶体制成的。它以硅压阻应变片作为敏感元件,实际上是一块固定的硅电阻,其电阻的变化与所承受的机械应力成正比。该传感器可以由体积很小的整体硅片经过微细加工制成,因此又称为整体式传感器,避开了把硅应变片粘贴到悬梁臂上的老式结构所带来的机械连接不准确的影响。压阻式加速度传感器在电路中构成惠斯通电桥,产生与振动加速度成正比的电信号。由于是配对使用,所以保证了在不同的温度条件下输出的稳定性。

　　这种传感器的特点是能测量频率低至直流的信号而不会产生相位失真。它的输出阻抗低,输出电平高,内在噪声小,对电磁和静电干扰的敏感度低,所以易于信号适调。某些压阻式加速度传感器的灵敏度高到足以直接驱动记录仪。它对底座应变和热瞬变不敏感,在承受大冲击加速度作用时没有零点漂移,可以用翻转法进行标定,因此广泛用于低频振动和持续时间长的冲击测量中。例如运输过程中振动和冲击的测量、包装试验、冲击波研究、汽车碰撞试验、模态分析、颤振研究、生物医学现象的研究。

3. 应变压阻式加速度传感器

　　应变压阻式加速度传感器的敏感芯体为半导体材料制成的电阻测量电桥,其结构动态模型仍然是弹簧质量系统。现代微加工制造技术的发展使压阻式敏感芯体的设计具有很大的灵活性,可适应各种不同的测量要求。在灵敏度和量程方面,从低灵敏度高量程的冲击测量,到高灵敏度的直流低频测量都有压阻式的加速度传感器。

　　应变压阻式加速度传感器可以测量直流信号,也可以进行频率到几十千赫兹的高频测量。超小型化的设计也是应变压阻式传感器的一个亮点。需要指出的是,尽管压阻敏感芯体的设计和应用具有很大的灵活性,但对某个特定设计的压阻式芯体而言其使用范围一般要小于压电式传感器。应变压阻式加速度传感器的另一缺点是受温度的影响较大,实用的传感器一般都需要进行温度补偿。在价格方面,大批量使用的应变压阻式传感器的成本价具有很大的市场竞争力,但对特殊用途的敏感芯体,其制造成本将远高于压电式加速度传感器。

4. 电容式加速度传感器

　　电容式加速度传感器的结构形式一般也采用弹簧质量系统。当质量块受加速度作用时,运动将改变质量块与固定电极之间的间隙进而使电容值变化。电容式加速度传感器与其他类型的加速度传感器相比具有灵敏度高、零频响应、环境适应性好等特点,尤其是受温度的影响比较小;不足之处在于信号的输入与输出呈非线性,量程有限,且受电缆的电容影响,再者电容式传感器本身是高阻抗信号源,因此电容式传感器的输出信号往往需通过后继电路进行改善。在实际应用中电容式加速度传感器较多地用于低频测量,其通用性不如压电式加速度传感器,且成本也比压电式加速度传感器高得多。

5. 变电容式加速度传感器

　　变电容式加速度传感器是采用另一种物理原理制成的硅加速度传感器,与压阻式的相比,它有更高的灵敏度和抗环境振动和冲击的能力,对温度不敏感,稳定性好,线性度高。

　　描述上述各种加速度传感器动态特性的参数有:灵敏度、幅频响应、相频响应、安装共振频率、横向灵敏度、幅值非线性等。

8.5　倾角传感器

　　倾角传感器可以用来测量相对于水平面的倾角变化量,理论基础是牛顿第二定律。根据基本的物理原理,在一个系统内部,速度是无法测量的,但可以测量其加速度。如果初速度已知,就可以通过积分计算出线速度,进而可以计算出直线位移。所以倾角传感器其实是运用惯性原理的一种加速度传感器。

在机器人控制系统中,倾角传感器常应用于机器人末端执行器或移动机器人的姿态控制中。倾角传感器经常用于系统的水平测量,从工作原理上可分为固体摆式、液体摆式、气体摆式三种倾角传感器,本节就它们的工作原理进行介绍。

1. 固体摆式

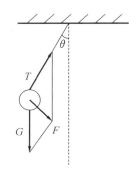

固体摆式倾角传感器在设计中广泛采用力平衡式伺服系统,如图 8-9 所示,该系统由摆锤、摆线和支架组成,摆锤受重力 G 和摆拉力 T 的作用,其合外力 F 为

$$F = G\sin\theta = mg\sin\theta \qquad (8-1)$$

式中:θ 为摆线与垂直方向的夹角。

需要注意的是,在小角度范围内测量时可以认为 F 与 θ 呈线性关系。如应变式倾角传感器就是基于此原理。

图 8-9　固体摆原理示意图

2. 液体摆式

液体摆式倾角传感器的结构原理是在玻璃壳体内装导电液,并用三根铂电极和外部相连接,三根电极互相平行且间距相等,如图 8-10 所示。

当玻璃壳体水平时,电极插入导电液的深度相同。如果在两根电极之间加上幅值相等的交流电压,电极之间会形成离子电流,两根电极之间相当于有两个电阻 R_1 和 R_3。若液体摆水平,则 $R_1 = R_3$。当玻璃壳体倾斜时,电极间的导电液不相等,三根电极浸入液体的深度也发生变化,但中间电极的浸入深度基本保持不变。如图 8-11 所示,左边电极浸入深度小,导电液减少,导电的离子数减少,电阻 R_1 增大,相对极则是导电液增加,导电的离子数增加,从而使电阻 R_3 减小,即 $R_1 > R_3$。反之,若倾斜方向相反,则 $R_1 < R_3$。

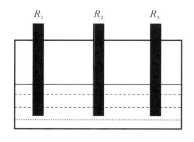

图 8-10　液体摆原理示意图

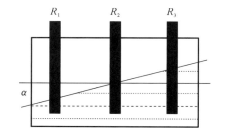

图 8-11　倾斜角为 α 时液体摆原理简图

在液体摆的应用中,也可根据液体位置变化引起应变片的变化,从而引起输出电信号变化而感知倾角的变化。在使用中除此类型外,还有通过在电解质溶液中留下气泡,利用装置倾斜时气泡的运动使电容发生变化而感应出倾角的液体摆。

3. 气体摆式

气体在受热时受到浮升力的作用,如同固体摆和液体摆具有的敏感质量一样,热气流总是力图保持在铅垂方向上,因此也具有摆的特性。气体摆式惯性元件由密闭腔体、气体和热线组成。当腔体所在平面相对水平面倾斜或腔体受到加速度的作用时,热线的阻值发生变化,并且热线阻值的变化是角度 θ 或加速度的函数,因而也具有摆的效应。其中热线阻值的变化是气体与热线之间的能量交换引起的。

气体摆式惯性元件的敏感机理基于密闭腔体中的能量传递,在密闭腔体中有气体和热线,热线是唯一的热源。当装置通电时,对气体加热。在热线能量交换中对流是主要形式。

对流传热的方程为

$$Q_c = Q_{\text{convection}} = hS(T_H - T_A) \tag{8-2}$$

式中:h 为热量传递系数,$\text{W}/(\text{m}^2 \cdot \text{K})$;$S$ 为热线表面积,m^2;T_H 为热线温度,K;T_A 为气体温度,K。

热量传递系数 h 与流体的热导率、动力学黏度、流体速度和热线直径有关,表示为

$$h = Nu \cdot \frac{\lambda}{D} \tag{8-3}$$

$$Nu = F(Re) \tag{8-4}$$

$$Re = \frac{u \cdot D}{\upsilon} \tag{8-5}$$

其中,λ 为热导率,$\text{W}/(\text{m}\cdot\text{K})$;$Re$ 为雷诺数;u 为流体速度,m^2/s;D 为热线的直径,m;υ 为流体的动力学黏度。

当气流以速度 u 垂直穿过热线时,有:

$$Nu = 2.4 + 1.6Re^{0.35} \tag{8-6}$$

将式(8-6)代入式(8-3)可得:

$$h = \frac{\lambda}{D}(2.4 + 1.6Re^{0.35}) \tag{8-7}$$

根据热平衡方程,结合式(8-5)可得:

$$
\begin{aligned}
Q_c = I_r \cdot V_{cc} &= hS(T_H - T_A) \\
&= \frac{\lambda}{D}\left[2.4 + 1.6\left(\frac{Du}{\upsilon}\right)^{0.35}\right](T_H - T_A)S \\
&= \frac{\lambda}{D}\left[c_1 + c_2 u^{0.35}\right](T_H - T_A)S
\end{aligned}
$$

其中,$c_1 = 2.4$,$c_2 = 1.6\left(\frac{D}{\upsilon}\right)^{0.35}$。

所以

$$I_r = \frac{\lambda}{D}\left[c_1 + c_2 u^{0.35}\right]\left(\frac{T_H - T_A}{V_{cc}}\right) \cdot S \tag{8-8}$$

假设 $\dfrac{T_H - T_A}{V_{cc}}$ 和 S 为常数,则有:

$$I_r = c_3(c_1 + c_2 u^{0.35}) \tag{8-9}$$

其中,$c_3 = \dfrac{\lambda}{D}\left(\dfrac{T_H - T_A}{V_{cc}}\right) \cdot S$。

从式(8-9)可以看出,当流体的动力学黏度、密度和热传导特性一定时,若热线周围流体的速度不同,则流过热线的电流也不同,从而引起热线两端的电压也产生相应的变化。气体摆式惯性元件就是根据这一原理研制的。

气体摆式检测器件的核心敏感元件为热线。电流流过热线,热线产生热量,使热线保持一定的温度。热线的温度高于它周围气体的温度,气体动能增加,所以气体向上流动。在平衡状

态时,如图 8-12(a)所示,热线处于同一水平面上,上升气流穿过它们的速度相同,即 $V_1=V'_1$,这时,气流对热线的影响相同,由式(8-9)可知,流过热线的电流也相同,电桥平衡。当密闭腔体倾斜时,热线相对水平面的高度发生了变化,如图 8-12(b)所示,因为密闭腔体中气体的流动是连续的,所以热气流在向上运动的过程中,依次经过下部和上部的热线。若忽略气体上升过程中克服重力的能量损失,则穿过上部热线的气流已经与下部热线产生了热交换,使穿过两根热线时的气流速度不同,这时 $V'_2>V_2$,因此流过两根热线的电流也会发生相应的变化,所以电桥失去平衡,输出一个电信号。倾斜角度不同,输出的电信号也不同。

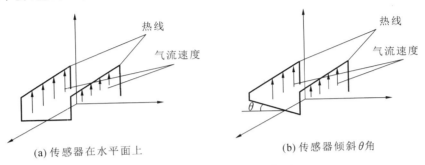

(a)传感器在水平面上 (b)传感器倾斜 θ 角

图 8-12　气体摆的原理示意图

8.6　MEMS 传感器

　　机器人变得越来越智能。在工厂,工业机器人需要感测到工人的存在,以避免对工人造成伤害。此外,它们还应该能够检测到异常情况,例如可能造成损坏的剧烈振动。服务机器人,无论是守卫仓库或作为远程工作人员的网真装置,都需要进行自主导航。就像人类用天生的感官一样,机器人也需要借助传感器技术变得更智能、更安全,同时扩展其用途。

　　MEMS 传感器是令人惊奇的小器件,大小仅为几平方毫米,通常包含两个芯片。一个是传感器芯片,用于提供运动或压力信息,但它也可以用作磁性固态传感器。另一个芯片提供必要的信号处理功能,可将来自传感器的微弱的模拟信号转换为有用信息,并通过一些串行总线传递这些信息。

　　MEMS 传感器外形小巧、价格实惠,是机器人的理想配件。此外,它们的耗电量很低。例如,当采用 2 V 或 3 V 电源时,一个加速度传感器的功耗通常不到 10 μA。低功耗方案,如低于 1 μA,还可以通过专用传感器来实现,这些传感器可作为一个运动触发器或篡改探测单元来运行。它们提供的快速唤醒和关闭机制是影响功耗的最重要的参数。节能技术将根据应用需求获取数据点所需的频率而不断变化。

　　对于空间受限应用,机器人设计人员还可以选用内置了微控制器和内存的加速度传感器,通过定制软件构建微小的系统。由于这些传感器通常不需要其他处理器便能与其他传感器连接,因此经常被称为传感器集线器。例如,飞思卡尔 Xtrinsic MMA9550L 提供了 3 mm×3 mm 三轴加速度传感器和带有 14 KB 闪存和 1.5 KB RAM 的 32 位微控制器。当机器人的末梢或手臂部分需要安放传感器时,飞思卡尔 Xtrinsic MMA9550L 和其他类似器件就非常有用,因为机器人的末梢或手臂部分的空间非常狭小。MEMS 传感器的另一个应用是设计精致小巧的可穿戴式机器人系统,甚至用于可吞咽胶囊机器人,协助进行内窥镜检查。

此外,MEMS 传感器还可实现机器人协同。在传感器系统设计中,下一步是借助拥有的所有"感官",来实现机器人性能目标。这通常被称为传感器融合,它将支持传感器系统利用各个传感器的优势生成更准确的数据和更好的产品设计。例如,电子罗盘可指示南/北方向。有人可能认为,读取地球磁场的磁传感器足以提供稳定的信息,但事实并非如此。磁传感器的输出值会随传感器向上或向下倾斜而发生变化,因此需要添加线性运动传感器(加速度传感器)来感测倾斜运动,并采用某个三角函数算法补偿磁传感器的读数。一个好的电子罗盘的设计将采用这两种传感器。而更好的系统将把这些传感器集成在一起进行封装,从而产生更小的传感器。例如,飞思卡尔 Xtrinsic FXOS8700CQ 在 3 mm×3 mm×1.2 mm 大小的封装中集成了带有倾斜补偿的地磁场测量单元,提供了一种简单的方法将 x/y 方向集成到任何机器人系统中。

又如:无法利用 GPS 信号的室内定位系统采用 Wi-Fi 基站三角测量法,可在商场或机场内定位用户的智能手机。该系统的精度可通过添加极小的高度传感器(如飞思卡尔 Xtrinsic MPL3115)得以增强。凭借约 30 cm 的相对高度分辨率,此传感器能够轻松地检测到手机在大楼内是向楼上还是楼下移动。这个简单的信息对于简化或验证复杂的三角测量算法非常有用。再如:对于看守室外设施的监控机器人,需要了解它是向山上还是山下运动,这对机器人的速度和功耗都有影响,也是计算其自主持续时间需要考虑的重要数据。

课 后 习 题

1.一般机器人系统中使用的位置传感器都是编码器,编码器是将 _____ 转换成 _____ 的装置。

2.内部传感器有哪些?请简述各种传感器的功能。

3.从工作原理上分,倾角传感器可分为 _____、_____、_____ 三种。

第9章　机器人环境感知传感器

9.1　概述

机器人与外界之间的交互任务依靠外部传感器完成。机器人通过外部传感器感知目标的相对距离、形态、温度、位置等参数来做出判断，实现对应的功能。外部传感器是机器人的"眼睛"，依靠它的辅助，机器人才可以快速且准确地判断出某种事物（如直径、高度、瑕疵等）的准确信息并及时做出正确的应对措施。表 9-1 所示为常见的机器人外部传感器。

表 9-1　常见的机器人外部传感器

视觉传感器	测量传感器：光学式（点状、线状、圆形……）
	识别传感器：光学式、声波式
触觉传感器	触觉传感器：单点式、分布式
	压觉传感器：单点式、高密度集成、分布式
	滑觉传感器：点接触式、线接触式、面接触式
接近觉传感器	接近觉传感器：光学式（反射光亮、定时……）
	距离传感器：声波式（反射音量、传输时间信息）

本章主要介绍机器人中常见的几种外部传感器及其相关应用。

9.2　光电传感器

光电传感器是一种将光信号转换为电信号的装置。光电传感器一般由光源、光路和光电器件三部分组成。

我们一般通过待测信息强度、相位以及空间分布和光谱分布的改变获取光信号，电信号是由光电装置改变光信号而得来的。后续电路对电信号进行解调，对被测信息进行分离，再进行测量。

光源是光电传感器非常重要的一部分。通常情况下，对于光电传感器光源的选择，需要考虑的因素包括波长、光谱分布、相干性、体积等。常见光源可分为四类：热辐射光源、气体放电光源、激光和电致发光器件。

光路是由一定的光学元件根据一定的光学定律和原理组成的。镜子与透镜是我们日常见到的光学元件。

光电器件的工作原理基于某些物质材料的光电效应。光电传感器具有光谱宽、无电磁干扰、非接触测量、体积小、重量轻、成本低等特点。尤其自 20 世纪 60 年代以来，光电传感器随着激光、光纤、CCD 等技术的兴起和发展，也得到了广泛的关注及迅速的发展，在生物、化学、物理和工程技术等领域得到了大量的应用。

9.2.1　光电效应

根据光的粒子理论,我们可以将光看作粒子,粒子内部是有能量的,同时它的能量与粒子的频率有关,是正比于频率的。我们可以把光看作一系列高能粒子。光电效应是光束照射在物质材料上后产生的,可分为外光电效应和内光电效应两类。

1. 外光电效应

外光电效应也称为光电反射效应,它是指物质材料在通过光束照射吸收光子的同时,也激发出自由电子的现象。外光电效应装置包括光电管和光电倍增管,它们的光电发射极,也就是光阴极即是用具有这种特性的材料制造的。

根据爱因斯坦假说,一个光子的能量等于一个电子的能量。所以当物质吸收光子时,电子就会逸出。所以电子所具有的动能 E_k,是光子能量 $E = hf$ 与表面逸出功 A 的差,即

$$E_k = \frac{1}{2}mv^2 = hf - A \tag{9-1}$$

式中:m 为电子质量;v 为电子逸出初速度;h 为普朗克常数,$h = 6.63 \times 10^{-34}$ J·s;f 为光的频率。

不同的材料具有不同的逸出功 A。式(9-1)称为爱因斯坦光电效应方程,它说明:

(1) 在入射光的频谱成分不变时,发射的光电子数正比于光强。因此,被照射物质中饱和光电流 I_{Φ_m} 正比于照射光强 Φ,即

$$I_{\Phi_m} = K\Phi \tag{9-2}$$

式中:K 为比例系数。

(2) 逸出的光电子具有初始动能 E_k,它与光的频率有关,频率越高,初始动能越大。光电子速率 c 与频率 f 和光波长 λ 之间的关系为 $\lambda = c/f$;不同的材料电子的逸出功也不同。因此,不同的材料有不同的频率标准。当入射光的频率低于这个频率标准时,电子就无法逸出。当入射光的频率高于这个频率标准时,电子才可以逸出。该频率标准称为红限,红限的波长可以表示为

$$\lambda_k = \frac{hc}{A} \tag{9-3}$$

式中:λ_k 为红限的波长;c 为光速。

2. 内光电效应

内光电效应是指在光照作用下物质的电化学性质发生改变的现象,电化学性质变化包括电阻率的变化、电动势的变化等。我们还可以将内光电效应分为光电导效应和光生伏特效应。

(1) 光电导效应。

光电导效应是指半导体材料经历过光束照射后,材料的电导发生变化,也可以称为引起电性能变化的一类光致电改变现象。光电导效应又称为光电效应、光敏效应。

光电导效应的物理过程可以概括为:当光束照射到半导体材料表面时,禁带宽度的光子轰击能量小于价带中的电子能量,同时电子从价带跃迁到导带,导带中电子增多,价带中空穴增多,于是导带中的电子浓度和价带中的空穴浓度增加,半导体材料的电导率增加。

从上面的分析可以看出,材料的光电导率取决于带隙宽度,光子能量 hf 应该大于带隙宽度 E_g。因此,可以得到光电导效应的临界波长 λ_0:

$$\lambda_0 = hc / E_g \tag{9-4}$$

(2)光生伏特效应。

在光束照射下,光生伏特效应是将太阳能直接转换成电能的反应。太阳能电池受到光照射后,其中具有足够能量的光子可以从 P 型硅和 N 型硅的共价键中激发电子,并且产生电子-空穴对。在复合前,空间电荷的电场会将界面层附近的电子和空穴隔开。N 区缺少电子而带正电,P 区因为电子而带负电,电子移动到 N 区,空穴移动到 P 区。通过界面层的电荷分离,P 区和 N 区之间将产生电动势。

还有一种称为"丹倍效应",它也属于光生伏特效应。当光只照射到光电导材料的一部分时,被照射部分的材料会产生电子-空穴对,辐照部分和未辐照部分的材料中的载流子浓度不同,从而导致载流子扩散。如果电子迁移率大于空穴迁移率,未辐照部分将获得过多电子并带负电,被辐照的部分因失去太多的电子而带正电,从而产生光生伏特效应。

9.2.2　光电元件

1.光电管

1)光电管的结构原理

光电管是一种基于外部光电效应的基本光电转换器件。光电管可以将光信号转换成电信号。光电管分为真空光电管和充气光电管。真空光电管的球形玻璃外壳被抽真空,在球形外壳的中心位置放置一个小环形金属,该金属作为光电管的阳极;在内半球的表面上涂抹光电材料,作为光电管的阴极。而充气光电管的球内则充满低压惰性气体。光电子在飞向阳极的过程中,与气体分子发生碰撞,使气体电离,从而提高光电管的灵敏度。用作光电阴极的金属一般为碱金属、汞、金和银,它们可以满足不同波段的需要。图 9-1 所示为光电管的典型结构。

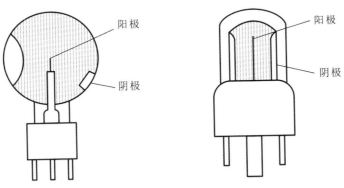

图 9-1　光电管的典型结构

2)光电管的基本特性

(1)光谱特性。

在一定光照功率下,光电灵敏度与光频率之间的关系称为光谱特性。光电管的光谱特性与光电阴极的材料密切相关。对于不同的阴极材料,若波长相同灵敏度不同,它们的光谱特性不同;对于相同的阴极材料,若波长不同灵敏度不同,它们的光谱特性也不同。

图 9-2 显示了光电管的光谱特性,其中曲线Ⅰ显示了铯氧阴极光电管的光谱特性;Ⅱ是锑铯阴极光电管的光谱特性;Ⅲ是正常人眼的视觉特征。从图 9-2 可以看出,对于不同颜色的光,应该选择不同材料的光电管。例如,被测光的主要成分在红外区,应选择铯氧阴极光电管;被测光波长较短,主要分布在紫外区域,应选用锑铯阴极光电管;在其他领域,可以选择镁镉合金阴极或镍钍合金阴极光电管。

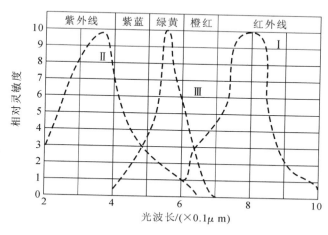

图 9-2　光电管的光谱特性

(2) 伏安特性。

光电管的伏安特性是指在一定光通量下,阴极和阳极之间的电压与光电流之间的关系。图 9-3(a)显示了真空光电管的伏安特性。当电极间电压达到 40~50 V 时,光电流开始饱和。图 9-3(b)显示了充气光电管的伏安特性。从曲线可以看出,当电极间电压达到 40~50 V 时,光电流随电压的增加成正比增加。因此,使用充气光电管时,可适当增加电极间电压,但不得超过规定的限值,否则阴极很快就会损坏。

(3) 光照特性。

光照特性是指光致抗蚀剂输出的电信号随光照强度变化的特性。图 9-3(c)显示了真空光电管的光照特性。图 9-3(d)显示了充气光电管的光照特性。当电压恒定时,光电转换灵敏度是恒定的,并且转换灵敏度随电极间电压的增大而增大。充气光电管的灵敏度高于真空光电管,但惰性更强,参数随电极间电压的变化而变化。在交变光通量下使用时,灵敏度是非线性的。充气光电管的许多参数与温度密切相关,容易老化,因此,目前真空光电管比充气光电管更受欢迎。

(4) 暗电流。

在没有光照射的状态下,在太阳能电池、光敏二极管、光导电元件、光电管等的受光元件中流动的电流称为暗电流。暗电流对在弱光下的检测以及极其精密的检测影响很大,所以在一些场合的检测中应尽量选取暗电流较小的光电管。

(5) 温度特性。

温度对光电管的输出也有影响,它会影响光电管的灵敏度。温度与输出信号的关系称为温度特性。

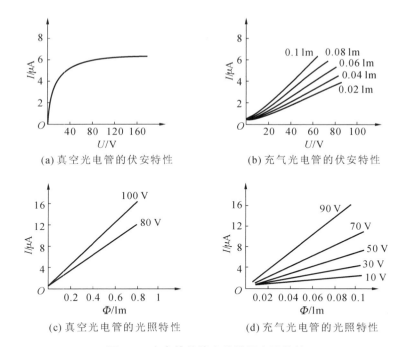

(a) 真空光电管的伏安特性   (b) 充气光电管的伏安特性

(c) 真空光电管的光照特性   (d) 充气光电管的光照特性

图 9-3   光电管的伏安特性及光照特性

（6）频率特性。

在光照强度和电极间电压条件相同的情况下，当入射光强度以不同的正弦交变频率调制时，输出信号与频率之间的关系称为频率特性。

（7）稳定性和衰老。

光电管有较好的短期稳定性，随着工作时间的增加，尤其是在强光照射下，其灵敏度将逐渐降低。

2. 光电倍增管

1）光电倍增管的结构原理

光电倍增管的结构如图 9-4 所示，在一个玻璃泡内除装有光电阴极和光电阳极以外，还装有若干个光电倍增极。光电倍增管可以将微弱的光转换为电子，实现对光的捕捉，并且利用电子倍增系统，放大微弱的电子信号，方便进行测量。

2）光电倍增管的基本特性

（1）光照特性。

在光通量不大的情况下，阳极的电流 I 和光通量 Φ 之间存在着很好的线性关系，如图 9-5 所示，可是在光通量很大($\Phi > 0.1$ lm)的情况下，光照特性就会表现出严重的非线性。这是因为在强光的照射下，大的光电流将会使后几级倍增极出现疲劳，造成二次发射系数降低；另一个原因是当光通量大时，阳极和最后几级倍增极将会受到附近空间电荷的影响。

（2）光谱特性。

光电倍增管的光谱特性和相同材料的光电管的光谱特性比较相似。当处于较长波长范围内时，光谱特性是由光电阴极的材料性能决定的，然而当处于较短波长范围内时，光谱特性是由窗口材料的透射特性决定的。图 9-6 所示为以锑钾铯为光电阴极的光电倍增管的光谱特性。

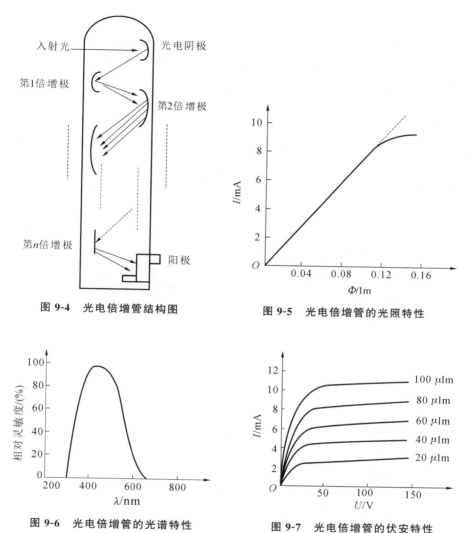

图 9-4　光电倍增管结构图

图 9-5　光电倍增管的光照特性

图 9-6　光电倍增管的光谱特性

图 9-7　光电倍增管的伏安特性

（3）伏安特性。

光电倍增管的阳极电流 I 与最后一级倍增极和阳极间的电压 U 的关系称为光电倍增管的伏安特性,如图 9-7 所示,此时其余的各级电压都会保持不变。在使用过程中,应该使光电倍增管工作在饱和区。

（4）暗电流。

当光电倍增管不受光照时,若在极间施加电压阳极上会收到电子,这时产生的电流即为暗电流。热电子发射、极间漏电流、场致发射等都是产生暗电流的原因。在进行电路设计时,暗电流被当作一种噪声电流。在光照充足的情况下,光电流与暗电流的比值大,然而在低照度下,光电流与暗电流的比值小,因此,光电倍增管的暗电流对微弱光强测量和精确测量有着很大的影响。在使用时可以通过补偿电路来消除暗电流,在选择光电器件时也应该选择暗电流小的。

3. 光敏电阻

1)光敏电阻的结构原理

光敏电阻除可用硅、锗制造外,还可用硫化镉、硫化铅、硒化钢、碲化铅等材料制造。这些制作材料具有在特定波长的光照射下阻值迅速减小的特性。这是由于光照产生的载流子都参与导电,在外加电场的作用下做漂移运动,电子奔向电源的正极,空穴奔向电源的负极,从而使光敏电阻的阻值迅速下降。

光敏电阻常称作光导管,它的典型结构如图 9-8(a)所示。为了避免外来干扰,光敏电阻外壳的入射孔上盖有一种能透过所要求的光谱范围的透明保护罩。为增加灵敏度,光敏电阻一般做成图 9-8(b)所示的栅形,装在外壳中。光敏电阻的两端可以通不同类型的电流,也可以改变其电流大小。

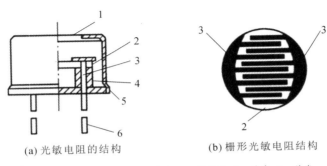

(a) 光敏电阻的结构   (b) 栅形光敏电阻结构

1—玻璃;2—光电半导体;3—电极;4—绝缘体;5—外壳;6—引线

图 9-8　光敏电阻的典型结构

2)光敏电阻的基本特性

(1)暗电流、亮电流及光电流。

在温度适宜,没有光照的情况下,流过光敏电阻的电流为暗电流。在温度适宜,有光照的情况下,流过光敏电阻的电流称为亮电流。亮电流与暗电流的差值称为光电流。一个光敏电阻的亮电流越大,暗电流越小,该光敏电阻的性能就越好。

(2)伏安特性。

当光照条件一定时,光敏电阻两端电压与电流间的关系称为光敏电阻的伏安特性。如图 9-9 所示,光敏电阻的伏安特性接近直线。

(3)光照特性。

光照特性是指光敏电阻的光电流与光通量之间的关系。如图 9-10 所示,光敏电阻的光照特性呈非线性,这是光敏电阻的一大缺点。

(4)光谱特性。

光敏电阻对不同波长的光灵敏度不同。

(5)响应时间和频率特性。

对光敏电阻进行照射或撤销照射时,都会有一定的缓冲期,光敏电阻并不会立刻响应光信号。这表明光敏电阻中光电流的变化滞后于光照的变化,通常用响应时间来表示。响应时间又分为上升时间和下降时间。所谓上升时间是指当光敏电阻突然受到光照时,电导率上升到饱和值的 63% 所用的时间;当对光敏电阻的光照突然减弱时,电导率降到饱和值的 37% 所用的时间称为下降时间。

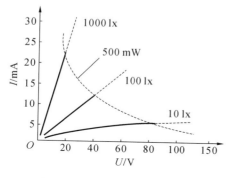

图 9-9　光敏电阻的伏安特性　　　　图 9-10　光敏电阻的光照特性

上升时间和下降时间是表征光敏电阻性能的重要参数。上升时间和下降时间短,表示光敏电阻的惰性小,对光信号响应快,频率特性好。一般光敏电阻的响应时间都较长。光敏电阻的响应时间除了与元件的材料有关外,还与光照的强弱有关。

不同材料的频率特性是不相同的,因为它们的光敏电阻不同,所以响应时间也不相同。

（6）温度特性。

和其他半导体器件一样,光敏电阻的特性受温度的影响很大。随着温度的升高,暗电阻和灵敏度都会降低。采用温度控制的方法,可以调节灵敏度或使光敏电阻主要接收某一频段的光信号。

4. 光电池

1）光电池的结构原理

光电池是利用光生伏特效应制成的,可以直接将光能转换成电能。制造光电池的材料主要有硅、锗、硒、硫化镉、砷化镓和氧化亚铜等,其中硅光电池应用最为广泛,其具有光电转换效率高、性能稳定、光谱范围宽、频率特性好、能耐高温辐射等优点。

硅光电池是在一块 N 型硅片上,用扩散的方法掺入一些 P 型杂质,形成一个大面积的 PN 结,然后在硅片的上下两面制作两个电极,再在受光照的表面上蒸镀一层抗反射层所构成的电池单体。

光照射到电池上时,一部分被反射,另一部分被光电池吸收。被吸收的光能一部分变成热能,另一部分以光子形式与半导体中的电子碰撞,在 PN 结处产生电子-空穴对。在 PN 结内电场的作用下,空穴移向 P 区,电子移向 N 区,从而使 P 区带正电,N 区带负电,于是在 P 区和 N 区之间产生光电流或光生电动势。受光面积越大,接收的光能越多,输出的光电流越大。

2）光电池的基本特性

（1）光谱特性。

光电池典型的光谱特性如图 9-11 所示,硒光电池响应区段在 $0.3 \sim 0.7 \ \mu m$ 波长间,最灵敏峰出现在波长为 0.5 μm 左右时。硅光电池响应区段在 0.4～1.2 μm 波长间,最灵敏峰出现在波长为 0.8 μm 左右时。可见在使用光电池时对光源应有所选择。

(2) 光照特性。

光电池在不同光照度下的光生电动势不同。图9-12所示为硅光电池的开路电压及短路电流与光照度的关系曲线。可见,短路电流与光照度呈线性关系;而开路电压与光照度之间呈非线性关系,当光照度大于 1000 lx 时出现饱和特性。因此在将光电池作为测量元件使用时,应注意使其工作在接近短路状态,即负载电阻应尽量减小。图9-13 所示为在不同负载下光电流(或称短路电流)与光照度间的关系。当负载电阻为 100 Ω 时,光照度在 0～1000 lx 范围内,均可取得线性转换关系。

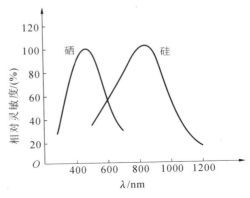

图 9-11　光电池典型的光谱特性

(3) 频率响应。

光电池作为测量元件、计算元件及接收元件时,常采用调制光输入,这里的频率即是指光的调制频率。图9-14 所示为硅光电池与硒光电池的频率响应曲线,可见硅光电池有较好的频率响应特性。

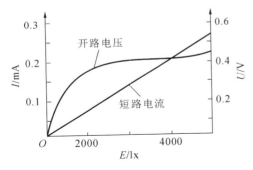

图 9-12　硅光电池的光照特性

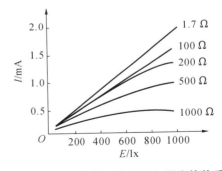

图 9-13　不同负载下光电流与照度的关系

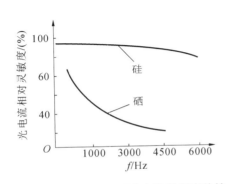

图 9-14　硅光电池和硒光电池的频率特性

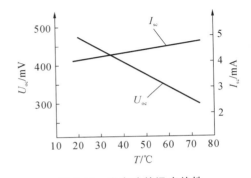

图 9-15　光电池的温度特性

（4）温度特性。

这里指的是开路电压与短路电流的温度特性。由于温度特性关系着应用光电池仪器设备的温度漂移，所以比较重要。图 9-15 给出的是硅光电池在 1000 lx 照度下的温度特性曲线。由图可见，开路电压随温度上升而很快下降，而短路电流则随温度升高缓慢地增大。

（5）稳定性。

当光电池密封良好，电极引线可靠并且使用合理时，光电池的寿命比较长，性能比较稳定。但高温和强光照射会使光电池性能变坏，并且寿命降低。

5. 光电二极管和光电晶体管

光电二极管也称为光敏二极管，其结构与普通二极管相似，但其 PN 结位于管子顶部，可以直接受到光照射。使用时光电二极管一直处于反向工作状态，如图 9-16 所示。当没有光照射时，光电二极管的反向电阻很大，反向电流即暗电流很小。当光照射 PN 结时，在 PN 结附近激发出光生电子-空穴对，它们在外加反向偏压和内电场的作用下做定向运动，形成光电流。光照度越大，光电流越大。

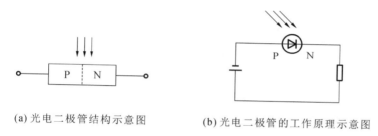

（a）光电二极管结构示意图　　　　　（b）光电二极管的工作原理示意图

图 9-16　光电二极管的电路连接图

光电二极管有三种类型，即普通 PN 结型光电二极管（PD）、PIN 结型光电二极管（PIN）和雪崩型光电二极管（APD）。相比之下，PIN 二极管具有很高的频率响应速度和灵敏度，而 APD 二极管除了响应时间短、灵敏度高外，还具有电流增益作用。

光电晶体管的结构与普通晶体管相似，它由两个 PN 结构成，基区做得很大，以扩大光的照射面积。光电晶体管有 NPN 和 PNP 两种类型。

6. 光源

影响光电传感器工作特性的因素有很多，光源也是重要的一部分，它直接影响到检测结果。所以正确地选择合适的光源是非常重要的。选择光源时要考虑很多因素，如波长、分析谱、相干性、发光强度、稳定性、体积、造价等。光电传感器中常用的光源主要分为热致发光光源（如白炽灯、卤钨灯等）、气体放电发光光源（如荧光灯、汞灯、钠灯、金属卤化物灯等）、固体发光光源（如 LED 和场致发光器件等）和激光器等几种类型。

9.2.3　光电传感器的应用

由于光电传感器响应速度快、精度高，因此其应用领域十分广泛。近年来，随着科技的发展，光电传感技术也随之发展，光电传感器的种类和应用范围也在不断扩展，并被应用在不同的自动化领域和日常生活中。

1. 光电传感器在点钞机中的计数作用

光电传感器是点钞机中必不可少的。点钞机计数器采用了非接触红外光电探测技术,具有结构简单、测量精度高、响应速度快等特点。放点钞机的柜台采用两组红外光电传感器,由一个红外 LED 和一个接收红外光的光电晶体管组成,它们之间留有适当的距离。当没有纸币经过时,接收管点亮,并输出 0;当有纸币经过时,红外光会受到阻碍,从而导致接收管的光通量不足而输出 1。当纸币通过之后,接收管会继续接收红外线,从而在输出端产生脉冲信号。这些信号经传输电路整形放大后发送到单片机,单片机收到指令后驱动执行电动机,以此来完成计数和显示。

2. 光电传感器在条形码扫描器中的应用

扫描器在条形码上进行扫描时,若碰到黑线,则光电晶体管发出的光被吸收,从而使其无法接收反射光而形成高阻抗,变成截止状态;若遇到空白区,则光电晶体管的基极能够接收反射光,从而形成光电流并接通。在对条形码进行全扫描后,利用光电晶体管对条形码进行逐条电信号的转换,电信号经放大、整形后形成一系列的脉冲信号,经过计算机的处理,最终实现条形码的识别。

3. 光电传感器在光电检测中的应用

光电传感器用于光电探测时,其工作原理与光电二极管是一样的,但其基本构造及制作过程却不尽相同。光电传感器的工作不需要外加电压,其系统具有光电转换效率高、光谱范围宽、频率特性好、噪声低的特点。光电传感器被广泛地用于光电读出、光电耦合、光栅测距、激光准直、胶片回音、紫外线监测、燃气涡轮熄火检测等。

4. 光电传感器与激光武器

由于对红外光和可见光的敏感性,光电传感器更容易受到激光攻击。受激光的热噪声、电磁噪声等因素的影响,光电传感器不能正常进行工作。战场上的激光武器对光电传感器的攻击主要是:传感器被合适的激光"蒙蔽",从而不能对探测到的物体进行追踪,或者,当武器指向一个目标时,会"致盲"传感器。总之,由于光电传感器在战争中的地位日益突出,而且应对激光时的脆弱性也日益突出,因而成了低能量激光武器的主要攻击对象。

9.3　超声波传感器

超声波传感器是将超声波信号转换为其他能量信号(通常为电信号)的传感器。当超声波跨越介质传播时,在不同的介质中传播速度不同,且具有反射、折射和波形转换的特性。超声波是一种机械波,振动频率在 20 kHz 以上,其特征是频率高、波长短、不容易发生衍射,尤其是具有很好的方向性。超声波对液体和固体的穿透能力比较强,特别是不透明的固体。超声波与杂质或界面接触时,会发生强烈的反射,从而形成反射波,当它们接触移动的物体时,会产生多普勒效应。

9.3.1　超声波的特性

根据超声波在介质中的传播方向不同以及声源在介质中的受力方向的不同,可以把超声波分为横波、纵波和表面波。横波、纵波和表面波的传播速度是由介质的密度和弹性系数决定的。通常,声音在液体中的传播速度要快于在气体中的传播速度。

当纵波以某一角度入射到第二介质(固体)的表面上时,除有纵波的反射、折射外,还伴随有横波的反射和折射,如图 9-17 所示,在一定的情况下,还能产生表面波。各种波型都符合反射定理,即

$$\frac{c_{\mathrm{L}}}{\sin\alpha} = \frac{c_{\mathrm{L1}}}{\sin\alpha_1} = \frac{c_{\mathrm{S1}}}{\sin\alpha_2} = \frac{c_{\mathrm{L2}}}{\sin\gamma} = \frac{c_{\mathrm{S2}}}{\sin\beta} \tag{9-5}$$

式中:α 为入射角;α_1,α_2 分别为纵波和横波的反射角;γ,β 分别为纵波和横波的折射角;c_{L},c_{L1},c_{L2} 分别为入射介质、反射介质和折射介质内的纵波速度;c_{S1},c_{S2} 分别为反射介质和折射介质内的横波速度。

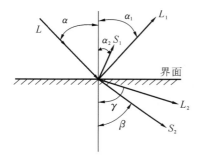

L—入射纵波;L_1—反射纵波;L_2—折射纵波;

S_1—反射横波;S_2—折射横波

图 9-17　波型转换图

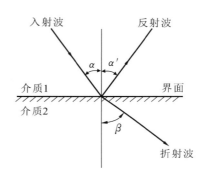

图 9-18　超声波的反射和折射

当超声波从一种介质传播到另一种介质时,在两介质的分界面上将发生反射和折射,如图 9-18 所示。超声波的反射与折射均满足反射定律与折射定律,即

$$\frac{\sin\alpha}{\sin\alpha'} = \frac{c_1}{c_1'} \qquad \frac{\sin\alpha}{\sin\beta} = \frac{c_1}{c_2}$$

式中:α,α',β 分别为入射角、反射角和折射角;c_1,c_1',c_2 分别为入射波、反射波和折射波的速度。

当入射波和反射波的波型相同、波速相等时,α 等于 α'。

9.3.2　超声波传感器的工作原理

超声波传感器由发射器和接收器组成。如果一个超声波传感器同时具有这两种功能,那么它是可逆的。在现实生活中,电致伸缩式超声波传感器是最常用的。

电致伸缩式超声波传感器是利用压电效应工作的,因此又称为压电超声传感器或压电超声探头。压电超声发生器利用逆压电效应工作。当把交流电压施加到压电材料片上时,会引起电致伸缩振动,产生超声波。石英晶体、压电陶瓷和压电薄膜都是比较常用的压电材料。当施加的超声波的交变频率和芯片的最强固有频率相等时,压电超声接收器会利用正压电效应工作。压电晶片受到超声波的作用,会产生膨胀和收缩的效果,并在晶片的两个界面处产生交变电荷。接收器的结构与发电机的结构基本相同。

根据结构和波型的不同,压电超声探头可分为直探头(纵波探头)、斜探头(横波探头)、表面波探头、兰姆波探头、双晶探头、聚焦探头、浸水探头、空气传导探头和其他特殊探头。典型的压电探针主要由压电晶片、吸收块和保护膜组成,其结构如图 9-19 所示。

压电晶片大多为圆板,其厚度与超声波频率成反比。压电晶片的两侧镀有银层作为导电板。如果晶片厚度为 1 mm,则固有频率约为 1.89 MHz;如果厚度为 0.7 mm,则固有频率为 2.5 MHz。这是常用的超声波频率。

保护膜用来保护晶片不受磨损。软保护膜通常使用厚度约为 0.3 mm 的薄塑料膜,这样可以保证和工件有良好的接触。硬质保护膜则可以用不锈钢或陶瓷来制造。

吸收块用钨粉、环氧树脂和固化剂浇注,也称为电阻块。它能够有效降低晶片的机械质量,吸收声能,从而达到限制脉冲宽度、减少盲区、提高分辨率的效果。当吸收块的声阻抗和晶片的声阻抗相等时,吸收声能的效果最好。

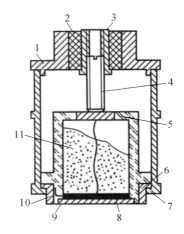

1—金属盖;2—绝缘柱;3—接触座;4—螺杆;5—接地片;6—晶片座;7—金属外壳;
8—压电晶片;9—保护膜;10—接地铜圈;11—吸收块

图 9-19 压电超声探头的结构图

9.3.3 超声波传感器的应用

1. 超声波测距传感器

超声波由发射器发射后会前往被测目标,到达后会发生反射并按照同样的路径返回,由接收器接收。完成这一系列操作所需要的时间称为渡越时间。根据测量的渡越时间和超声波传播的速度,便能够计算出传感器与被测目标的距离。超声波测距传感器主要用于物体的定位、液位探测、导航和避障,以及焊缝跟踪和物体识别。

2. 超声波探伤仪

超声波探伤是无损检测技术中的一种主要检测方法,主要用于检测板材、管道、锻件和焊接材料中的缺陷(如裂纹、气孔、夹渣等),确定材料的厚度,检测材料的晶粒度,并通过断裂力学的原理来评估材料的使用寿命。超声波探伤具有检测灵敏度高、速度快、成本低等优点,在生产实践中得到了广泛应用。

3. 超声波流量计

超声波流量计根据传播时差和多普勒效应制成,用于液体测量。当流体分别处于流动与静止状态时,超声波在其中的传播速度是不同的,根据这一特性,工作人员便可以得到流体的状态与速度。而在实际应用中,传感器通常是安装在管道外侧的,通过管壁发射和接收超声波,这样可以防止传感器的安装影响到流体的流动状态。

4. 超声波倒车雷达

人们根据蝙蝠在夜晚也能够安全飞行的原理发明了倒车雷达。倒车雷达的全称是倒车防撞雷达,也称为倒车辅助。它能够在停车时为车主提供安全辅助。倒车雷达由超声波探头、控制器和显示器(或蜂鸣器)等组成。在驾驶员使用车辆时,它能以声音或图像的形式来提醒驾驶员周围存在障碍物,防止驾驶员因视线不佳而发生安全隐患,使行车更安全。

根据不同的价格和品牌,超声波倒车雷达可有两个、三个、四个、六个或八个探头,分别安装在前面、后面、左边和右边。探头能够全方位探索目标。开车时,低于保险杠的障碍物驾驶员凭借肉眼是很难发现的。把倒车雷达显示屏安装在后视镜上,它能够检测到汽车与后方障碍物的距离并反馈给驾驶员,当距离过近时,能够通过蜂鸣器来提醒驾驶员停车。当换挡杆挂倒挡时,倒车雷达自动开始工作,测距范围为 0.3～2.0 m,因此,在停车时对驾驶员来说非常实用。

9.4　激光雷达

9.4.1　激光雷达的特点

激光雷达是激光、大气光学、目标和环境特性、雷达、光学机电一体化和计算机技术的结合。激光雷达的核心是激光发射系统和激光接收系统,激光发射系统能够根据要求发射出发散角小、能量集中的激光束;激光接收系统能够检测到从目标反射回来的信号并进行接收。

激光雷达的基本技术来源于微波雷达,二者在本质上并没有太大差别,它们的原理框图也是十分类似的,如图 9-20 所示。传统雷达是以微波和毫米波为载波的雷达。激光雷达以激光作为载波,波长比微波和毫米波短得多。

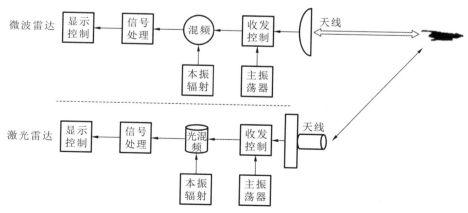

图 9-20　激光雷达和微波雷达探测原理的比较

激光的波长与微波雷达的载波波长比起来要小几个数量级,光束更窄。激光雷达具有如下优点。

(1)在探测过程中,灵敏度更高,测量分辨率也更高,多普勒频移大,能够提供的信息量也比较大。它可以获取振幅、频率和相位信息,测量速度等信息,以此来识别运动目标。在经过信号处理后,具备一定的成像能力,可以获得高分辨率、清晰的运动目标图像。

(2)激光雷达波长较短,因此探测目标可以达到分子尺度。不同的分子在特定波长下对激光的吸收能力、散射以及荧光特性等是不同的,可以根据这个特性在分子水平上来检测不同的材料成分。处在低功率情况下,更加利于获得较长的工作距离和更高的分辨率。低能量短脉冲激光对人眼是安全的,高重复频率的脉冲可以获得更多的信息。

(3)能够不受昼夜光线限制地 24 小时工作;天气等因素所造成的干扰小;隐蔽性好;激光不受无线电波干扰,能穿透等离子体鞘层,工作时高度低,对地面多径效应不敏感;激光束非常窄,只能在照射点和照射瞬间接收到,因此被拦截的概率非常低。

(4)在实现同样功能的情况下,它比微波雷达更小、更轻,天线和系统的结构尺寸可以非常小。近年来,微电子技术飞速发展,微光学技术也不断在进步,在功能相同的情况下,激光雷达在全固态集成、光学和小型化、软硬件集成等方面取得了很大进展。而就目前而言,这对微波雷达来说是比较难以实现的。

(5)在进行探测和传输时,激光雷达和激光通信设备分别有着不同的任务,但它们的物理规律基本相同,频带宽度相同,重叠和共享性好,技术和工程共享性强。因此,激光雷达具有良好的复合性、检测与通信的集成性和较强的网络集成能力。

激光雷达也是存在不足的。与微波雷达相比,早期激光雷达的主要不足体现在以下方面。

(1)大气和气象对激光存在着很大的影响。大气衰减和恶劣天气都会造成激光工作距离缩短,大气湍流则会降低激光雷达的测量精度。然而,计算机校正、自适应光学和相位共轭光学解决了激光雷达技术的发展问题。激光雷达的小型化可以实现短程工作,而搭载载体平台则可以解决短程工作中存在问题。只要全固态激光雷达能够探测 60～100 km 的目标,就可以充分发挥其体积小、重量轻的优势。它与微信号处理器和控制器相结合,可以携带移动平台,从而可以在任何地方进行工作。

(2)激光束颜色较浅而且颜色单一,这给目标的搜索和捕获都造成了很大的困难。其他电磁雷达和光电雷达可实现大空域和快速粗目标捕获,然后将其交给激光雷达进行精确跟踪和测量。因此,为了提高激光雷达的搜索、捕获和跟踪能力,人们研制了多模复合激光雷达。无源光电雷达可以探测任何具有微弱温度光电辐射的远程目标,这是激光雷达无法替代的。

(3)在探测距离方面,激光的功率也是一大限制因素。为了解决这一弊端,人们开始从原理上寻找能够提高激光功率的措施,以此来制造出高功率激光。制造高密度、高亮度阵列的发光二极管和激光二极管,发展单光子计数和检测技术也是解决方案之一。

9.4.2　激光雷达的分类

激光雷达在分辨率、隐蔽性、抗干扰能力等方面都优于普通雷达。正因为如此,在机器人、无人驾驶、无人机等领域,随着人们对激光雷达需求的增加,激光雷达的种类也越来越多。激光雷达根据功能和用途、工作性质、发射波型、探测模式、装载平台等可分为不同类型。

根据功能和用途的不同,激光雷达可分为激光测速、激光测距、激光成像等类型。激光测距雷达的工作过程是:系统发射激光,激光到达被测目标之后被反射并返回系统,系统接收到激光后通过记录时间差来计算出被测目标与测试点之间的距离。激光测速雷达顾名思义是用来测量物体运动速度的。在固定的时间间隔内两次对被测目标进行激光测距,便可以得到被测物体的移动速度。激光雷达测速方法分为基于激光雷达测距原理测速和使用多普勒频移测速。第一种方法是在一定的时间间隔内连续对被测目标进行两次距离检测,将两个目标距离之差除以时间间隔,得到目标速度值,根据距离差的正负来确定速度方向。该方法的特点是系统结构简单,测量精度有限。它只能用于强激光反射的硬目标。多普勒频移是指当目标和激光雷达之间存在相对速度时,接收回波信号的频率与发射信号的频率之间的频率差。

根据工作性质的不同,我们可以把激光雷达分为固体激光雷达、气体激光雷达和半导体激光雷达。固体激光雷达所能达到的功率峰值高,在输出的波长范围及距离长度方面与现有光学元件和器件一致,可以比较容易地实现主振荡器功率放大器(MOPA)结构。气体激光雷达以 CO_2 激光雷达为代表。它的工作范围在红外波段,在大气中传输的时候衰减较小,能够探测的距离也比较长,在大气风场和监测环境方面都有着很大的优势。半导体激光雷达能以高重复率连续工作,具有寿命长、体积小、成本低、对人眼损伤小等优点。它广泛应用于具有强后向散射信号的米氏散射测量,如探测云底高度。

根据激光发射波型,激光雷达可分为连续激光雷达和脉冲激光雷达。连续激光雷达依靠连续光照到一定高度进行数据采集。基于连续激光器的工作特性,在某一时刻只能采集一点的数据。脉冲激光是不连续的,会不停闪烁。脉冲激光雷达发射数以万计的激光粒子,根据多普勒原理,通过数万个激光粒子的反射,综合评价某一高度的风况。从激光的特性来看,脉冲激光雷达可获得比连续激光雷达多几十倍的点数据,可以更准确地反映一定高度的风况。

根据探测方式的不同,激光雷达可分为直接探测激光雷达和相干探测激光雷达。直接探测激光雷达的基本结构与激光测距仪非常相似。在操作过程中,系统会发射一个信号,信号到达目标之后会发生反射,返回到系统,系统收集反射信号并根据此信号传播的时间来计算出目标的距离。对于目标的径向速度,可以通过反射光的多普勒频移来确定,也可以通过测量两个或更多距离并计算其变化率来获得。相干探测激光雷达可分为单稳态和双稳态两种类型。发射和接收信号共享一个光圈的系统被称为单稳态系统,发射和接收通过开关隔离。发射和接收信号分别用不同的光圈的系统被称为双稳态系统,不需要开关隔离,其余的与单稳态系统相同。

9.4.3　激光雷达的应用

1. 机器人领域

自主定位和导航是机器人实现自主行走的必要技术。无论哪种类型的机器人参与自主运动,它都需要在动态环境中导航和定位。然而,因为智能化程度比较低,定位导航一直是一大难题。随着激光雷达的不断发展,这一问题得到了很大程度上的解决。现在机器人采用的定位和导航技术基于激光雷达 SLAM(实时定位和地图构建),并添加了视觉和惯性导航等多传感器融合方案,可帮助机器人实现自主测绘、路径规划和自主避障等,是目前最稳定可靠的定位导航方式,且使用寿命长,后期改造成本低。

2. AR/VR 领域

如今,科学技术越来越发达,AR 技术也已经进入了人们的生活,比如 AR 游戏渐渐成为很多人娱乐方式的一种。在使用 AR 显示器的游戏中,利用激光雷达和诸多光学传感器来实现空间传感定位,通过 SLAM 技术可以准确定位到玩家在三维空间中的位置,以此来提高玩家的游戏体验感。

3. 无人机领域

目前,激光雷达在军事应用方面也比较常见,比如在低空直升机飞行时,激光雷达被应用在了避障系统上。当直升机飞行高度较低时,很容易与一些障碍物碰撞,为了避免此类安全事故的出现,人们开始研发能够提醒驾驶员避开障碍物的机载雷达。

美国研制的直升机避障系统利用固态激光二极管发射器和旋转全息扫描仪,对直升机轨道前方进行扫描,得到障碍物的信息。障碍物的信息会被实时反馈到驾驶员的显示器上,提醒驾驶员避开障碍物,从而保障飞行安全。

4. 无人车领域

在无人车领域,激光雷达可以帮助车辆获取道路的情况,并规划出合理的行驶路线,以此来控制车辆达到操作者的要求。不仅如此,激光雷达还能够帮助车辆识别十字路口和方向等信息。

5. 海洋生物领域

在勘探海洋资源和保护海洋生态环境方面也有着激光雷达技术的应用。在勘探海洋资源时,雷达光源通常发射蓝绿色脉冲,目标以激光回波信号进行反馈,并以此将鱼类的分布区域和密度信息传达给工作人员,结合偏振特征分析,可以识别鱼类的种类。在保护海洋生态环境方面,通常使用海洋激光荧光雷达,通过检测和分析激光诱导目标发出的荧光等光谱信号,获取海洋浮游生物、叶绿素等物质的种类和浓度分布信息。

6. 3D 打印领域

在 3D 打印方面,激光雷达技术也被广泛应用。比如,Printoptical 3D 打印技术本质上是"从 CAD 设计到光学元件"的一站式技术,通过此技术打印的光学元件不需要进行诸多后处理。

该技术主要基于成熟的宽幅面工业喷墨打印设备。打印设备将透明聚合物液滴喷射出来,同时打印头会发射强紫外线,以此来进行固化。该技术可以根据人们的需求来变换各种几何形状,激光雷达起到测量、监测等作用。

7. 智慧城市

随着科学技术的不断发展,智能化渐渐地融入了人们的生活,越来越多的智能技术广泛应用于城市化建设。在交通管制方面,激光雷达可用于信号控制器的实时感应控制、自适应控制和绿波带控制。这是未来城市交通建设与整治的基础。

在港口交通管理方面,激光雷达表现出了很大的优势。扫描激光雷达可以捕捉港口交通方面的高清图像,并反馈给管理人员进行监测,然后在显示器上覆盖航道,显示船舶的交通情况。如果一艘船装有无线电通信设备,当发现该船偏离轨道并且有可能发生危险时,交通管理中心可以通知到该船舶,并提醒其已经偏航,协助船舶及时返回正确的轨道,以此来保证航行的安全。

在日常生活中,激光雷达也发挥着比较重要的作用,比如在管理公路交通的时候,通过远程雷达,我们可以了解到后面车辆的行驶速度。在合流或转弯时,驾驶员也可以利用激光雷达来判断是否应该减速。交通管理部门为了能够更好地进行管理,也已经将这项技术应用到了高速公路的监控,通过监控可以得到高速公路上的车辆信息。此外,将激光雷达和数字计算机结合可以对空中交通进行更好的管理,显著改善机场的技术工作。

课 后 习 题

1.光电传感器是一种将_____转换为_____的装置。简要介绍光电传感器的组成部件。

2.光电效应可分为_____和_____。外光电效应也称为_____效应,它是指物质材料在通过光束照射吸收光子的同时,也激发出自由电子的现象。内光电效应是指在_____作用下,物质的_____发生改变的现象。

3.光电元件主要包括哪些,请列举并说明。

4.超声波传感器是将_____信号转换为_____信号(通常为电信号)的传感器。

第 10 章　机器人搭载的典型传感器

10.1　概述

工业和信息化部公布的数据显示,2022 年,我国制造业增加值占全球比重近 30%,制造业规模已经连续 13 年居世界首位。在我国由"中国制造"向"中国创造"的转型工作中,我们既要加强对科技创新的投入力度,同时又不能落下对制造业的转型改进和提升工作。制造业的发展对我国经济增长有着不可或缺的作用,一个国家若是没有先进的制造能力,注定无法成为经济强国。现在的现代化制造业离不开工业机器人技术,而工业机器人技术同样需要相关的配套技术进行辅助。要确保工业机器人稳定正确地完成工作任务,保证工业生产能够高效运行,就需要高精度的传感器来为工业机器人提供符合要求的数据。此外,在日常生活中,服务机器人也给人们的现代生活提供了各式各样便利的服务。为了便于收集信息,以了解人们的行为模式,继而对人们的各种生活细节进行针对性的优化服务,同样需要为服务机器人搭载合适的传感器。基于对上述两种类型机器人的分析,本章主要介绍机器人工作中所搭载的较为典型的传感器。

10.2　工业机器人作业检测传感器

制造业是我国国民经济的主体,随着我国经济的稳步发展,制造业也得到了持续快速的发展,产业体系独立完整、种类齐全,提升了我国工业化和现代化水平。近年来,"工业 4.0"的提出拉开了新一轮工业革命的序幕,越来越多的国家和企业意识到了工业变革中的发展和机遇。在这一前提下,我国政府也提出了相应的政策以进一步加快我国制造业产业的升级,期望通过提升制造业的工业化、信息化水平,促进我国工业化和信息化融合,进而实现工业转型。

在工业机器人领域中,传感器主要用于检测控制工业机器人工作状态,是实现工业自动化的关键基础部件。

工业机器人主要的生产活动都围绕着产品进行,包括产品的设计、生产、管理和物流等过程。在这些过程中,大量的数据及信息采集、传输都依赖于能感测制造设备状态和产品质量特性的传感器。可以说,传感器是实现智能制造的基础,特别是能与大数据和工厂自动化相融合,且能通过互联网实现更大范围信息交互的智能传感器,已经成为发展智能制造系统的关键。因此,智能制造的快速发展加大了对传感器的需求,也推动着传感器技术的迅速发展。

工业机器人所搭载的传感器按用途可以分为内部传感器和外部传感器,其中内部传感器装在操作机上,包括位移、速度、加速度传感器等,其作用是检测工业机器人操作机的内部状态,在伺服控制系统中作为反馈信号。而外部传感器包括视觉、触觉、力觉传感器等,其作用是检测作业对象及环境与工业机器人的联系。

10.2.1　工业机器人作业检测传感器的要求与选择

传感器是一种检测装置,是实现自动检测和自动控制的基础。传感器能感受到被测目标的变化信息并将其转换成电信号或者其他所需形式的信息输出,以满足信息的传播、处理、存储、显示、记录和控制等要求。伴随着智能制造以及工业物联网的变革,传感器作为感知信息的自主输入装置,对智能制造、智能物流的应用起着技术支撑的作用。传感器不仅仅是将简单的物理信号转换为电信号的检测器,更是一种数据交换器,并能连接到更广范围的智能传感器网络中,为大数据挖掘及应用等提供丰富的现场数据支撑,提升制造业的生产和运营效率。在工业机器人领域中,为了保证生产的安全和效率,传感器的选取至关重要。对传感器的一般要求包括以下四个方面:

(1) 精度高、重复性好;

(2) 稳定性和可靠性高;

(3) 抗干扰能力强;

(4) 质量轻、体积小、安装方便。

对于一些特定的产业,传感器还需满足以下要求:

(1) 适应加工任务要求;

(2) 满足机器人控制的要求;

(3) 满足安全性要求以及其他辅助工作的要求。

10.2.2　位移传感器

在各类制造和机器人装备中,传感器主要用于实现对设备运行状态的检测和控制,是实现制造过程自动化的关键。而数控机床、铣床等加工设备是现代制造系统中的基本单元,在这些设备中往往需要实现复杂的高精度运动轨迹控制。位移传感器作为实现运动检测的关键部件得到了广泛的使用。

在智能制造装备中,位移传感器主要用于直线与回转运动装置的位置、距离、速度等参数的检测。

1. 光栅位移传感器

现代光栅位移测量技术是目前光学传感器技术中最基础、最先进的精密测量技术之一。它以光栅为线位移基准进行高精度测量,在位置测量领域具有不可替代的作用。在制造装备运行过程中,大多数采用光栅位移传感器作为反馈测量元件来进行机床等装备的运动检测,以实现全闭环控制,降低滚珠丝杠热变形等原因引起的误差,保证数控装备的运动精度。

光栅位移传感器又称为光栅尺,是以光栅莫尔条纹为技术基础对直线或角位移进行精密测量的一种测量器件。其基本原理为:光源发出的光照射在光栅上,光栅上刻有透光和不透光的狭缝,光电元件接收到透过光栅的光线并将其转化为电信号,该信号经后续电路处理为脉冲信号,通过计数装置计数,从而实现对位移的测量。光栅位移传感器制造成本相对较低,测量精度高。目前光栅长度测量分辨率已覆盖微米级、亚微米级、纳米级和皮米级。

光栅由一系列等间距排列的透光和不透光的刻线和狭缝组成。刻线密度一般为每毫米250线、125线、100线、50线、25线等,刻线的密度由测量精度决定。光栅基板通常为玻璃材质。光栅放大结构如图 10-1 所示，a 为刻线宽度，b 为缝隙宽度，W 称为光栅的栅距，$W=a+b$，通常情况下 $a=b$。圆光栅的两条相邻的刻线夹角为 τ，称为栅距角或节距角，每周的刻线数从较低精度的数百线到高精度等级的数万线不等。

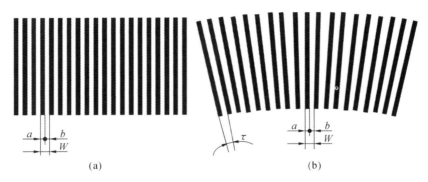

图 10-1   光栅放大结构

光栅传感器主要由标尺光栅和光栅读数头两部分组成。其中，光栅读数头由 LED 光源、透镜、指示光栅、光敏元件和处理电路组成。标尺光栅通常固定在机床固定部件上，光栅读数头安装在机床活动部件上。当光栅读数头相对标尺光栅移动时，指示光栅便在标尺光栅上移动。

莫尔条纹和光栅的位移在方向上具有对应关系。当标尺光栅沿着刻线垂直方向做相对移动时，莫尔条纹做上下移动。测量位移时，如果标尺光栅移动一个栅距 W，则莫尔条纹上下移动一个条纹间距 B，这时，莫尔条纹的光强变化近似为正弦变化，如图 10-2 所示。

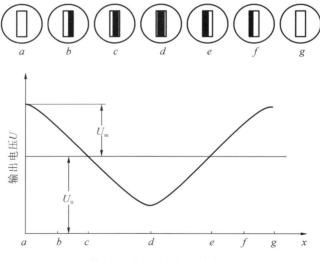

图 10-2   莫尔条纹光强变化与输出电压的关系

初始位置接收亮带信号，随着光栅移动，由亮进入稍暗、全暗，再进入半亮、全亮。在这个过程中光栅移动一个栅距，莫尔条纹的变化经历一个周期，即移动一个条纹间距 B，光强变化一个周期。当光敏元件接收到光的明暗变化时，就将光信号转化为图 10-2 所示的电压信号输出，它可以用光栅位移量 x 的三角函数表示：

$$U = U_0 + U_m \sin\left(\frac{\pi}{2} + \frac{2\pi x}{W}\right)$$ (10-1)

式中:U 是光敏元件输出的电压信号;U_m 是输出电压中正弦交流分量的幅值;U_0 是输出电压中的平均直流分量。

将此电信号经过放大、整形变为方波,再经过测量电路计量脉冲数,就可测量光栅的相对位移量为

$$x = N \cdot W$$ (10-2)

式中:x 为标尺光栅位移;N 为所计脉冲数。

2. 角位移传感器

角位移传感器通常又称为光电编码器,是一种利用光电转化原理将机械角度转换成脉冲或者数字量的传感器。其具有精度高、可靠性高、使用方便等特点,在工业机器人和数控机床的位置检测以及其他工业领域得到了非常广泛的应用。光电编码器按照编码方式分为增量式光电编码器和绝对式光电编码器。

1) 增量式光电编码器

增量式光电编码器能够测量出转轴相对于某一基准位置的瞬时角度位置,并以数字的形式输出,还能测出转轴的转速和时间。

增量式光电编码器的结构如图 10-3 所示,它主要由光源、编码盘、检测光栅、光电检测器件和转换电路组成。

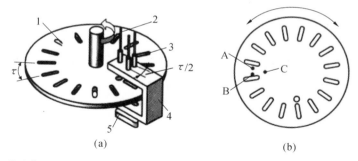

(a)　　　　　　　　　　　　　(b)

1—编码盘;2—C 相光电检测器件;3—A、B 相光电检测器件;4—检测光栅;5—光源

图 10-3　增量式光电编码器的结构示意图

编码盘上沿圆周方向刻有节距相等的辐射状透光缝隙,相邻两个透光缝隙之间的节距代表一个增量周期 τ,编码盘上的透光刻线缝隙数目越多,编码器的分辨率越高。编码盘有三个同心光栅,分别为 A 相、B 相和 C 相光栅。检测光栅上刻有两组与 A、B 相光栅相对应的透光缝隙,用以通过或阻挡光源和光电检测器件之间的光线。A、B 相光栅的节距和编码盘上的透光缝隙节距相等,但是两组透光缝隙错开 1/4 节距,使得 A、B 相光电检测器件输出的信号在相位上相差 90°。根据 A 相、B 相任一光栅输出脉冲数值的大小就可以确定编码盘的相对转角。根据输出脉冲的频率可以确定编码盘的转速,采用适当的逻辑电路,根据 A 相、B 相输出脉冲的相序就可以确定编码盘的旋转方向。

当编码盘随着被测转轴转动时,检测光栅不动,光线透过编码盘和检测光栅上的缝隙照射到光电检测器件上,光电检测器件输出两组相位相差 90° 的近似于正弦波的电信号。电信号

经过转换电路的信号处理输出方波脉冲信号,从而得到被测轴的转角或速度信息。

A相、B相两相信号为工作信号;C相光栅只有一条透光的狭缝,对应信号为标志信号,用来作为同步信号。编码盘旋转一周,发出一个脉冲标志信号。增量式光电编码器的输出波形如图 10-4 所示。若 A 相超前于 B 相,对应编码器正转;若 B 相超前于 A 相,对应编码器反转。若以该方波的前沿或后沿产生计数脉冲,可形成代表正向位移或反向位移的脉冲序列。

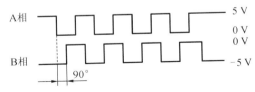

图 10-4　增量式光电编码器的输出波形

增量式光电编码器没有接触磨损,允许高转速,精度高,可靠性好,但是其结构复杂,安装困难,无法直接读出转动轴的绝对位置信息。

2) 绝对式光电编码器

绝对式光电编码器是一种直接编码式的测量元件。它可以直接把被测转角或位移转化成相应的代码。编码盘的机械位置决定了编码器的输出值,光电敏感元件可以直接读出编码器的当前位置,在断电的情况下不会失去位置信息。

图 10-5 所示为四位二进制码编码盘。编码盘通常是一块光学玻璃。玻璃上面刻有透光和不透光的图形,在圆形编码盘上沿着径向有若干同心码道,每条码道有许多透光和不透光刻线,每道刻线依次以 2 线、4 线、8 线……编排,对应每一条码道有一个光电检测元件来接收透过编码盘的光线。图中空白部分为透光区,输出用"0"来表示;阴影部分为不透光区,输出用"1"来表示。这样,在编码器的每一个位置,通过判断每道刻线的透光情况,获得一组从 $2^0 \sim 2^{n-1}$ 的唯一的二进制编码,称为 n 位绝对编码。编码盘的码道数就是编码器的位数。四位二进制编码器有四圈数字码道,每一条码道表示二进制码的一位。内侧是高位,外侧是低位。编码盘每转一周产生 0000~1111 共 16 个二进制数,对应于转轴的每一个位置均有唯一的二进制编码。

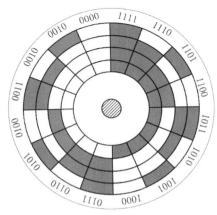

图 10-5　四位二进制编码盘

　　绝对式光电编码器的光源一般采用发光二极管,光电检测元件一般采用硅光电池或光电晶体管。光电检测元件的输出信号经过放大和整形后,成为接近方波的信号。工作时,编码盘的一侧放置光源,另一侧放置光电检测元件,每个码道都对应一个光电管及放大、整形电路。光源发射的光线经柱面透镜变成一束平行光照射在编码盘上。通过编码盘的透光区的光线经狭缝板上的狭缝形成一束光照射在光电检测元件上,光电检测元件把光信号转化成电信号输出,读出的是与转角位置相对应的扇区的一组代码。编码器的角度分辨率为

$$\alpha = \frac{360°}{2^n} \tag{10-3}$$

显然,码道数 n 越大,编码器的分辨率就越高,测量的角度和角位移就越精确。目前市面上使用的光电编码器的码道数为 4～18。在应用中通常考虑伺服系统要求的分辨率和机械传动系统的参数,以选择适合的编码器。

　　二进制编码器的主要缺点是:编码盘上的图案变化较大,在使用中容易误读。在实际应用中,可以采用格雷码代替二进制编码。

10.3　服务机器人环境检测传感器

　　服务机器人是一种半自主或全自主工作的机器人,它能完成有益于人类的服务工作,但服务机器人不包括从事生产的设备。服务机器人可以分为专业服务机器人和家用服务机器人两类,其中:专业服务机器人包括下水道工作机器人、深海工作机器人、微型机器人、室内安保机器人、室外巡逻机器人、消防机器人等;而家用服务机器人是为家庭服务的机器人,即能够代替人类完成家庭服务工作的机器人,它由行进装置、感知装置、接收装置、执行装置、存储装置、交互装置等组成。这些装置的基础为各种传感器。服务机器人通过接收各种传感器发出的数据来感知环境,做出相应的动作,完成预设任务。

10.3.1　温度传感器

1. 温度传感器的种类

　　温度传感器是指能够感受温度并将其转化成可用输出信号的传感器。温度传感器是温度测量仪表的核心部件,其种类繁多。温度传感器对环境温度的测量十分准确,广泛应用于服务机器人领域。

　　温度传感器按照测量方式可以分为接触式和非接触式两大类。

　　接触式温度传感器的检测部分与被测对象直接接触,其通过传导或者对流达到热平衡,从而使温度传感器的示值能够直接表示被测对象的温度,一般测量精度较高。在一定的测温范围内,接触式温度传感器也可测量物体内部的温度分布,但对于运动物体、小目标或热容量很小的对象会产生较大的测量误差。常用的接触式温度传感器有双金属温度计、玻璃液体温度计、压力式温度计、电阻温度计、热敏电阻和温差电偶等。

　　非接触式温度传感器的敏感元件与被测对象不用直接接触,可以用来测量运动物体、小目标和热容量小或温度变化较快的对象的表面温度,也可以用于测量温度场的温度分布。最常用的非接触式温度传感器基于黑体辐射的基本定律,称为辐射测温仪表。各类辐射测温方法

只能测出对应的光度温度、辐射温度或比色温度。只有对黑体(吸收全部辐射并不反射光的物体)所测温度才是真实温度。若欲测定物体的真实温度,则必须进行材料表面发射率的修正。材料表面发射率不仅取决于温度和波长,而且还与表面状态、涂膜和微观组织等有关,因此很难精确测量。非接触式温度传感器的优点是测量上限不受感温元件耐温程度的限制,因而对最高可测温度原则上没有限制。

温度传感器按照感温材料以及电子元件特性可分为热敏电阻和热电偶两类。

热敏电阻为半导体材料,大多具有负温度系数,即阻值随温度增加而降低。温度变化会造成大的阻值改变,因此它是最灵敏的温度传感器。但热敏电阻的线性度极差,并且与生产工艺有很大关系。热敏电阻体积小,能很快稳定,不会造成热负载。但由于热敏电阻是一种电阻性器件,任何电流源都会使其发热,因此要使用小的电流源。如果热敏电阻暴露在高热中,将产生永久性的损坏。

热电偶是温度测量中最常用的温度传感器。其可测温度范围宽,能适应各种大气环境,而且结实、价廉、无须供电。热电偶是最简单和最通用的温度传感器,但热电偶并不适合高精度的测量。

温度传感器按照输出信号的模式,可大致划分为三大类:数字式温度传感器、逻辑输出式温度传感器、模拟式温度传感器。

数字式温度传感器采用硅工艺生产的 PTAT 结构,这种半导体结构具有精确的与温度相关的良好输出特性。然而在许多应用中,我们并不需要严格测量温度值,只关心温度是否超出了一个设定范围。例如,一旦温度超出所规定的范围,则发出报警信号,启动或关闭风扇、空调、加热器或其他控制设备,此时可选用逻辑输出式温度传感器。

传统的模拟式温度传感器,如热电偶、热敏电阻和 RTDS,对温度的监控在一些温度范围内线性度不好,需要进行冷端补偿或引线补偿,且热惯性大,响应时间慢。集成模拟式温度传感器与之相比,具有灵敏度高、线性度好、响应速度快等优点,而且它还将驱动电路、信号处理电路以及必要的逻辑控制电路集成在单片 IC(集成电路)芯片上,实际尺寸小、使用方便。常见的集成模拟式温度传感器有 LM3911、LM335、LM45、AD22103 电压输出型、AD590 电流输出型。

2. 温度传感器的工作原理

1)热电偶传感器

当两种不同的导体或半导体 A 和 B 组成一个回路且其两端相互连接时,只要两接合点处的温度不同(一端温度为 T,称为工作端或热端,另一端温度为 T_0,称为自由端或冷端),则回路中就有电流产生,此时回路中存在的电动势称为热电动势。这种由于温度不同而产生电动势的现象称为塞贝克效应。与塞贝克效应有关的效应有两个:其一,当有电流流过两个不同导体的连接处时,此处便吸收或放出热量(取决于电流的方向),称为珀尔帖效应;其二,当有电流流过存在温度梯度的导体时,导体吸收或放出热量(取决于电流相对于温度梯度的方向),称为汤姆逊效应。两种不同导体或半导体的组合称为热电偶。

如图 10-6 所示,两种不同成分的导体(称为热电偶丝或热电极)两端接合成回路,当接合点的温度不同时,在回路中就会产生电动势。热电偶就是利用这种原理进行温度测量的,其中,直接用作测量介质温度的一端叫作工作端(也称为测量端),另一端叫作冷端(也称为补偿端）。冷端与显示仪表连接,显示出热电偶所产生的热电动势,通过查询热电偶分度表,即可得到被测介质温度。当热电偶一端受热时,热电偶电路中就有电势差,可用测量的电势差来计算温度。

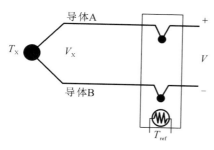

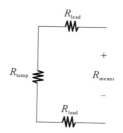

图 10-6　热电偶电路图　　　　　　　　　图 10-7　热敏电阻电路图

2）热敏电阻传感器

导体的电阻值随温度变化而改变,通过测量其阻值可推算出被测物体的温度,利用此原理制成的传感器就是电阻温度传感器。这种传感器主要用于 $-200 \sim 500$ ℃温度范围内的温度测量。纯金属是热敏电阻的主要制造材料,热敏电阻的材料应具有以下特性:电阻温度系数大而且稳定,电阻值与温度之间具有良好的线性关系;电阻率高,热容量小,反应速度快;材料的复现性和工艺性好,价格低;在测温范围内化学物理特性稳定。热敏电阻是基于电阻的热效应,即利用电阻体的阻值随温度的变化而变化的特性进行温度测量的。因此,如图 10-7 所示,只要测量出感温热敏电阻的阻值变化,就可以测量出温度。

3）数字式温度传感器

如图 10-8 所示,数字式温度传感器采用硅工艺生产的 PTAT 结构,PTAT 的输出通过占空比比较器调制成数字信号。输出的数字信号与微处理器(MCU)兼容,通过微处理器的高频采样可算出输出电压方波信号的占空比,从而得到温度。该款温度传感器因其工艺特殊,分辨率优于 0.005 K。将敏感元件、A/D 转换单元、存储器等集成在一个芯片上,直接输出反映被测温度的数字信号,使用方便,但响应速度较慢(100 ms 数量级)。温度 IC 传感器是一种数字式温度传感器,它具有线性的电压／电流-温度关系。有些温度 IC 传感器甚至能输出代表温度并能被微处理器直接读出的数字信息。

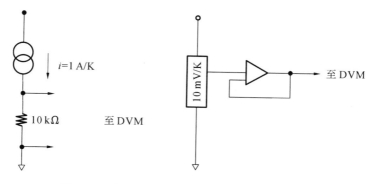

图 10-8　电流型温度传感器和电压型温度传感器

10.3.2 湿度传感器

湿度传感器是一种能感受气体中水蒸气含量,并转换成可用输出信号的传感器。多数情况下,如果没有精确的控温手段,或者被测空间是非密封的,湿度传感器具有±5%RH的精度就够了。对于要求精确保持恒温、恒湿的局部空间,或者需要随时跟踪记录湿度变化的场合,则选用±3%RH的精度。

湿度包括气体的湿度和固体的湿度。气体的湿度是指大气中水蒸气的含量,度量方法有三种:

(1) 以绝对湿度来度量。绝对湿度即每立方米气体在标况下(0 ℃,1 个大气压)所含有的水蒸气的重量,也即水蒸气密度;

(2) 以相对湿度来度量。相对湿度即一定体积气体中实际含有的水蒸气分压与相同温度下该气体所能包含的最大水蒸气分压之比;

(3) 以含湿量来度量。含湿量即每千克干空气中所含水蒸气的质量。其中相对湿度是最常用的。固体的湿度是指物质中所含水分的百分数,即物质中所含水分的质量与其总质量之比。

利用水分子有较大的偶极矩,因而易于吸附在固体表面并渗透到固体内部的特性制成的湿度传感器称为水分子亲和力型湿度传感器。其测量原理是感湿材料吸湿或脱湿过程会改变其自身的性能。把与水分子亲和力无关的湿度传感器称为非水分子亲和力型传感器,其主要的测量原理有:利用潮湿空气和干燥空气的热传导之差来测定湿度;利用微波在含水蒸气的空气中传播时,水蒸气会吸收微波并使其产生一定的能量损耗,且传输损耗的能量与环境空气中的湿度有关来测定湿度;利用水蒸气能吸收特定波长的红外线的特性来测定空气中的湿度。

氯化锂是一种在大气中不分解、不挥发也不变质且稳定的离子型无机盐类,其吸湿量与空气相对湿度成一定函数关系。随着空气相对湿度的增减变化,氯化锂吸湿量也发生变化。当氯化锂溶液吸收水蒸气后,导电的离子数增加,因此电阻降低;反之,电阻增加。这种将空气相对湿度转换为电阻值的湿度测量方法称为吸湿法湿度测量。氯化锂电阻湿度传感器就是根据这一原理工作的。

湿度传感器根据测量的湿度范围可以分为高湿型(大于70%RH)、低湿型(小于40%RH)、全湿型(0~100%RH)。根据敏感方案是否基于水分子的极性吸附特性,可以把湿度传感器分为水分子亲和力型和非水分子亲和力型。根据湿敏材料的不同可以对水分子亲和力型湿度传感器进一步分类;根据测量原理的不同可以对非水分子亲和力型湿度传感器进一步分类。

1. 水分子亲和力型湿度传感器

根据使用材料的不同,水分子亲和力型湿度传感器分为以下四类。

1) 电解质型

以氯化锂为例,在绝缘基板上制作一对电极,涂上氯化锂盐胶膜。氯化锂极易潮解,并产生离子导电,电阻随湿度升高而减小。

2）陶瓷型

一般以金属氧化物为原料,制成一种多孔陶瓷。多孔陶瓷的阻值对空气中的水蒸气具有敏感特性。

3）高分子型

高分子型湿度传感器是在绝缘基板上直接涂覆或利用旋转涂膜仪附上一层有机高分子感湿膜制成的。其基本特点是材料来源广泛,制作工艺简单,无须加热清洗,适于批量生产,应用范围广,实用性强。另外,其性能优异,可用于较宽湿度范围的测量,湿滞回差小,响应速度快,温度系数小,使用寿命长。在高分子型湿度传感器的研究领域,聚合物电解质由于其特殊的一些优点,比如容易加工、价格低廉、响应快而且灵敏度高而被研究者广泛关注。然而高分子材料在水中的可溶性会影响这种传感器在高湿度场合的应用。

4）单晶半导体型

所用材料主要是硅单晶,利用半导体工艺制成,如制成二极管湿敏器件和 MOSFET 湿敏器件等。其特点是易于和半导体电路集成在一起。

2. 非水分子亲和力型湿度传感器

利用潮湿空气和干燥空气的热传导之差来测定湿度,可以制成热敏电阻式湿度传感器;利用微波或超声波在含水蒸气的空气中传播时,传输损耗的能量与环境空气中的湿度的相关性来测定湿度,可以制成微波或超声波湿度传感器;利用水蒸气能吸收特定波长的红外线的特性来测定空气中的湿度,可以制成红外吸收式湿度传感器。这些都属于非水分子亲和力型湿度传感器。

3. 湿敏材料和测量原理结合型湿度传感器

湿度敏感材料可分为半导体氧化物、高分子材料、多孔的有机或无机材料等类型。湿敏元件是最简单的湿度传感器,依测量原理不同主要有电阻式和电容式两大类。

1）电阻式湿敏传感器（湿敏电阻）

湿敏电阻是在基片上覆盖一层用感湿材料制成的膜而形成的,当空气中的水蒸气吸附在感湿膜上时,元件的电阻率和电阻值都会发生变化,利用这一特性即可测量湿度。湿敏电阻的优点是灵敏度高,缺点是线性度和产品的互换性差。湿敏电阻的种类很多,例如金属氧化物湿敏电阻、硅湿敏电阻、陶瓷湿敏电阻等。其湿敏材料以多孔陶瓷类最多。

2）电容式湿敏传感器（湿敏电容）

湿敏电容一般是用高分子薄膜电容制成的。常用的高分子材料有聚苯乙烯、聚酰亚胺、酪酸醋酸纤维等。当环境湿度发生改变时,湿敏电容的介电常数发生变化,使其电容也发生变化,而其电容变化量与相对湿度成正比。湿敏电容的主要优点是灵敏度高、产品互换性好、响应速度快、测量湿度时滞后量小,且便于制造、容易实现小型化和集成化。其精度一般比湿敏电阻要低一些。

除电阻式、电容式湿敏传感器之外,还有电解质离子型湿敏传感器、重量型湿敏传感器（利用感湿膜重量的变化来改变振荡频率）、石英振子式湿敏传感器、光强型湿敏传感器、声表面波湿敏传感器等。

无论哪种形式的湿敏传感器,其基本原理都是:在基片上涂覆感湿材料形成感湿膜,空气中的水蒸气吸附在感湿膜上,引起元件的质量、阻抗、介电常数等参数发生变化,从而实现湿度测量。

课 后 习 题

1.在智能制造装备中,位移传感器主要用于直线与回转运动装置的＿＿＿＿、＿＿＿＿、＿＿＿＿等参数的检测。

2.角位移传感器通常又称为＿＿＿＿,是一种利用＿＿＿＿将机械角度转换成脉冲或者数字量的传感器。请简述角位移传感器的特点。

3.温度传感器是指能够感受温度并将其转化成＿＿＿＿的传感器,按照测量方式可以分为＿＿＿＿和＿＿＿＿两大类。

4.请简述热电偶的工作原理。

第 11 章　MEMS 惯性传感器

11.1　概述

　　MEMS 技术,即微机电系统技术,是将微电子电路技术与微机械系统融合到一起的一种工业技术,操作尺度在微米量级,应用这项技术能够将传感器装置的尺寸压缩到毫米级别。如此小巧的传感器功耗极低,但其机械可靠性好,响应速度高。MEMS 传感器技术目前已经得到了非常广泛的应用,小到智能手环,大到电动汽车,这些应用场景中都有着 MEMS 传感器的身影。我们常见的加速度传感器——陀螺仪就是一种 MEMS 传感器,此外还有气压传感器、电磁传感器等。MEMS 传感器在尺寸大小方面有着传统传感器无法比拟的优点,是未来传感器发展的主要方向之一。而与 MEMS 传感器相关的半导体行业也是我国未来技术发展规划中不可或缺的重点行业。目前我国在芯片领域的劣势,也对我国半导体行业的发展提出了非常高的要求。为了保证我国高端技术的独立自主性,必须重视对 MEMS 传感器技术的研究。本章以 MEMS 惯性传感器在导航领域的应用为例介绍 MEMS 技术及算法的研究现状与发展趋势。

11.2　导航技术分析

　　导航技术是国际公认的军民两用的关键技术,在海、陆、空、天各个领域均发挥着重要作用。军用领域的导弹、战斗机、陆用战车、舰船、核潜艇等,民用领域的无人机、汽车、服务机器人等,大至大规模战争,小至局部信息化战争、单兵作战,导航定位技术无时无刻不在其中发挥着重要作用。

　　然而单一导航面临容错性低、可靠性差、导航信息精度低等技术缺陷,无法满足实际工程应用需求。相比之下,组合导航具有可靠性高、容错性强、导航信息参数全面、导航信息精度高等诸多优势,因此,对组合导航系统及其关键技术进行研究十分必要。

　　惯性导航系统(INS)是当前公认的最重要的全自主导航系统,也是组合导航系统中最重要的子导航系统,其分为平台式和捷联式。平台式除在大型航天器及大型武器系统中使用,几乎淡出了历史舞台,而捷联惯导系统(SINS)凭借诸多优势占据绝大部分市场。然而,针对无人机、汽车及小型制导炮弹等低成本、小型化工程应用领域,在保证导航系统稳定可靠、导航参数精确全面的前提下,人们对导航系统的成本、体积、集成度等提出了很高要求。基于激光陀螺仪、光纤陀螺仪的捷联惯导系统,依然面临体积大、成本高、集成度低、功耗大、抗冲击能力差等多方面问题,无法满足上述工程应用需求。由 MEMS 惯性器件构成的微惯性导航系统(MINS)凭借其成本低、功耗小、集成度高、抗冲击性强等优势已成为低成本、小型化导航系统研究的热点。然而,受限于 MEMS 陀螺仪的精度,MINS 无法自主初始对准,且在积分作用下,MINS 的误差会使长时间的导航信息偏差更加严重。

全球定位系统（GPS）是全球导航卫星系统（GNSS）中规模最大、最成功的，几乎成为 GNSS 的代名词，采用了无线电导航方式。其定位原理是测边交会，无长时误差累积，现已广泛应用于飞行器、汽车、船舶等运载体，航拍无人机、智能手机等消费类电子产品的导航定位，以及工程勘测等领域。然而，GPS 是一种非自主性导航定位模式，抗干扰能力差，信号易受高楼、桥梁等建筑物遮挡而丢失，更无法在室内、水下进行导航定位；数据更新频率低致使其高动态适应性差；GPS 完全受控于美国，以无线电波为传输媒介，常面临无线电拦截、电子干扰、电子欺骗等安全性问题。

由于 MINS 的长时误差累积，加之 GPS 导航方式在水下、室内根本无法应用，因此潜艇等水下潜器不得不定期上浮来完成位置修正。此外，在海域、沙漠等无典型地貌特征的区域也无法借助地形匹配技术导航。基于以上工程应用的问题，研究人员转向寻求一些自主、无长时误差累积的导航方式。地磁（geomagnetic，GM）导航根据地磁矢量特征量随载体位置变化的特性，实现对运载体的导航定位，是天然的自主导航，现已成为研究热点并成功应用，如：工程中常用磁强计来测量地磁场，并和加速度计构成磁罗经系统，为船舶和水下潜器提供航向信息；与微惯性测量单元（MIMU）构成适用于无人机的小型航姿参考系统（attitude heading reference system，AHRS）等。虽然地磁导航具有自主隐蔽、无误差累积、静态航向精度相对较高等优点，但同时存在环境适应性差、易受周围磁场干扰，可靠性、动态稳定性、跟随性差，导航信息参数不全面等技术问题，因而工程中很少以地磁导航为单一导航模式对运载体进行导航定位。

由上述 MINS、GPS、GM 各导航方式的特点，可知三者之间能实现优势互补，互为校正。用 GPS 信息定期修正 MINS 的累积误差，在 GPS 信号丢失的情况下，用 MINS 短时顶替 GPS 进行导航定位，实现二者之间有效互补。由于 MINS 无法进行自主初始对准，因此可以借助 GPS/GM 辅助 MINS 进行初始对准，提高初始对准的快速性和准确性。GM 通过敏感地磁场进行相对精准的定向，而 MINS 单独定向精度低，单点 GPS 无定向功能，因此可借助 GM 为组合导航系统提供航向参数信息。由以上分析可知，MINS/GPS/GM 组合有望解决单一导航定位信息不全面、精度低、可靠性差等问题。

然而，要真正实现 MINS、GPS、GM 导航优势互补，提升组合系统整体性能，还需对其初始对准、数据同步、高效滤波算法等关键技术做深入研究。此外，MINS/GPS/GM 组合系统的误差分析是实现组合导航的重要前提，组合系统在抗振动、防共振、抗电磁干扰机械结构等方面的设计尚无统一标准，需针对 MINS/GPS/GM 组合系统的应用环境进行优化设计。

综上所述，针对单一导航模式的不足，以及小型化武器系统的定位定向、无人机航姿测量、汽车、机器人等对导航系统低成本、小型化、可靠性等方面的需求，加之 MINS、GPS、GM 之间的优势互补性，对 MINS/GPS/GM 组合导航系统及其关键技术的研究意义重大。

11.3 国内外研究现状及趋势

1. MIMU 研究现状及趋势

国外对 MEMS 技术、MEMS 惯性器件及 MIMU 的研究均早于国内，且相关高新技术主要集中在美、英、法、德、挪威、日本等国家。全球著名的 MEMS 惯性器件、MIMU 研发制造商包括：Honeywell、ADI、Draper、JPL、Northrop Corp、Litton、Crossbow、BEI、SBG、BASE、

LITEF、Sensonor 等。其中美国多家公司、研究所及高校已研制出满足战术导弹、智能化弹药等军用需求的 MIMU，整个 MIMU 尺寸为立方厘米级，功耗低至毫瓦级，质量仅为数百克，其 MEMS 陀螺仪测量范围可达 $\pm 3000(°)/s$，零偏稳定性可达 $0.1\sim0.01(°)/h$，尺寸已达毫米级，质量仅为数十克。MEMS 加速度计是 MEMS 传感器中商品化最为成功的，高品质加速度计测量范围已达 $\pm 1000g$，偏值稳定性已达 $10^{-6}g$，在精度方面已可满足各种战术武器及战略导弹的需求。例如：JPL 基于硅材料研制的适用于微型卫星的 MEMS 陀螺仪，尺寸压缩至 $4\ cm^3$，常温零偏优于 $0.1(°)/h$，连续工作时间可达 50000 h；Draper 最新研制的 MIMU 总体积仅为 $133\ cm^3$，总功耗低至 3.1 W，质量为 272 g，可承受最高过载为 20000 g，该 MIMU 已成功应用于某型高过载制导炮弹中；Honeywell 公司研制的 HG4930 系列 MIMU 陀螺仪的运动偏置稳定性为 $0.45\sim0.25(°)/h$，加速度计运动偏置稳定性为 $0.075mg\sim0.025mg$，尺寸为 $5\ in^3$，质量为 140 g，功耗仅为 2 W，适应温度范围为 $-54\sim+85\ ℃$；Xsens 公司的 MTi-100 型 MIMU 芯片级陀螺仪的零偏为 $10(°)/h$；BEI 公司研制的 QRS11 型 MEMS 陀螺仪的测量范围为 $\pm 1000(°)/s$，常温零偏优于 $7.2(°)/h$，尺寸为 $\phi=39\ mm$，$H=17\ mm$，质量为 60 g，已应用于小型导弹、无人机导航定位中；ADI 生产的 ADIS164XX-MIMU 在成本、尺寸、性能等方面优势明显；挪威 Sensonor 公司生产的 STIM300-MIMU 的性能参数已满足战术级要求。国外典型 MIMU 产品外形如图 11-1 所示，相关指标见表 11-1。

Honeywell HG4930　　Sensonor STIM300　　ADI ADIS16488　　Xsens MTi-100

图 11-1　国外典型 MIMU 产品外形

表 11-1　国外典型 MIMU 产品及相关指标

制造商	MIMU 型号	性能指标
Honeywell	HG4930	陀螺零偏（25 ℃）为 0.25(°)/h，测量范围为 $\pm 400(°)/s$；加速度计零偏为 0.025mg，测量范围为 $\pm 20g$；输出频率为 600 Hz；尺寸为 65 mm×51 mm×35.5 mm；功耗为 2 W；质量为 140 g；抗过载能力大于 3000 g
Sensonor	STIM300	陀螺零偏（25 ℃）为 0.5(°)/h，测量范围为 $\pm 400(°)/s$；加速度计零偏为 0.05mg，测量范围为 $\pm 10g$；采样频率为 2000 Hz；尺寸为 38.6 mm×44.8 mm×21.5 mm；功耗为 1.5 W；质量为 55 g；抗过载能力大于 1500 g
ADI	ADIS16488	陀螺零偏（25 ℃）为 5.1(°)/h，测量范围为 $\pm 450(°)/s$；加速度计零偏为 0.07mg，测量范围为 $\pm 18g$；输出频率为 330 Hz；尺寸为 47 mm×44 mm×14 mm；功耗为 1.8 W；质量为 140 g；抗过载能力大于 2000 g
Xsens	MTi-100	陀螺零偏为 10(°)/h，测量范围为 $\pm 450(°)/s$；加速度计零偏为 0.04mg，测量范围为 $\pm 5.1g$；输出频率为 400 Hz；尺寸为 57 mm×42 mm×23 mm；功耗为 0.95 W；质量为 52 g；抗过载能力大于 500 g

国内对 MEMS 惯性组件及其集成设计的研发与国外相比较晚,目前主要有清华大学、航天十三和三十三所等在研单位。国内公开发表的文献表明,我国研制的 MEMS 惯性器件已满足低精度应用领域要求。例如:中国兵器工业集团下属捷瑞光电生产的 IMU711 型 MIMU 陀螺仪和加速度计的零偏稳定性分别为 $100(°)/h$ 和 $5mg$,尺寸为 $80\ mm×80\ mm×60\ mm$,质量小于 $1000\ g$,数据更新频率为 $200\ Hz$,温度适应范围为 $-40\sim+60\ ℃$。总体上,国内 MIMU 在系统集成、抗高过载设计、封装及测试技术等方面整体水平与国外相比差距较大。

国内外 MIMU 均在向着低成本、高集成化、低功耗、抗高过载等方向发展,并不断开展新材料、新型加工封装工艺、特殊应用环境下的保护技术、应用多样化等多个层面的研发。

2. GPS 研究现状及趋势

GPS 导航技术研究由美国发起和主导,无论在技术和商品化方面都领先全球。GPS 接收机是 GPS 市场化的主要案例之一,随着技术更新已出现多种版型。例如:美国 Trimble 公司已拥有超过 500 项的 GPS 技术专利,已研发出 R10 型 GNSS 智能接收机,兼容其他卫星导航系统,单点定位精度为水平 $0.25\ m$、垂直 $0.5\ m$,RTK 测量精度为水平 $0.8\ cm$、垂直 $1.5\ cm$,启动时间为 $2\sim8\ s$,数据更新频率为 $20\ Hz$,尺寸为 $\phi=11.9\ cm$、$H=13.6\ cm$;加拿大 NovA-tel-ProPak-V3 型抗恶劣环境高性能 GPS,单点定位精度为 $1.5\ m$,RTK 测量精度为 $0.4\ m$,测速精度为 $0.03\ m/s$,信号重捕获时间为 $1.0\ s$,数据更新频率为 $50\ Hz$,尺寸为 $185\ mm×160\ mm×71\ mm$,功耗为 $2.8\ W$;瑞士 Ublox 公司已研发多款高性能芯片级 GPS 接收板卡,最新研制的 MAX-7 系列 Multi-GNSS 接收芯片,兼容 GPS/GLONASS/Galileo,定位精度为 $2.5\ m$,更新频率为 $10\ Hz$,尺寸为 $9.7\ mm×10.1\ mm×2.5\ mm$,功耗为 $47\ mW$,通道数为 56,MAX-7 的捕获时间、灵敏度及封装在业内领先。

国内中航 704 研究所于 1995 年研制出 GPS/GLONASS 双模接收机,中海达已研制出多款高性能 GPS 手持接收机,如中海达 Q8 型接收机,轻小便携,单点定位精度为 $2\ m$,RTK 测量精度为 $2\ cm$,处理器主频为 $533\ MHz$,内嵌触摸屏和数码相机。图 11-2 所示为典型的 GPS 接收机产品。

Trimble R10
GPS接收机

NovAtel ProPak-V3型
GPS接收机

Ublox MAX-7
GPS接收芯片

中海达Q8 型
GPS接收机

图 11-2　典型 GPS 接收机产品

国内外 GPS 接收机将继续向着小型化、高信号捕获性能、高抗干扰性能、高数据更新率、高度兼容性以及低成本方向发展,继续拓广其应用市场。

3. GM 研究现状及趋势

国外在地磁测量、磁场模型参数标校、磁传感器加工制造、地磁导航理论等方面均比国内成熟。美国已在智能化弹药、巡航导弹等军用领域成功应用地磁导航,并在民用领域开发出众多低成本、高性能磁传感器及地磁导航系统。俄罗斯已实现某型导弹地磁制导,而德国已研制出高品质星载磁强计。如图 11-3 所示:美国 Honeywell-HMR2300 型数字磁强计,测量范围可达 ±2 Gs,分辨率可达 67 μGs,功耗为 0.5 W,质量为 94 g;其 HMR3000 型磁指向仪,使用固态磁阻,定向精度可达 0.5°,分辨率为 0.1°,测姿精度为 0.2°,数据更新率为 20 Hz,功耗为 0.18 W,支持 RS-232/422 通信标准,输出 NEMA-0183 标准报文。

HMR2300数字磁强计

HMR3000数字磁罗盘

HMC5883L磁强计芯片

图 11-3　美国 Honeywell 公司的典型地磁传感器

为支持板卡级地磁导航,Honeywell 还研发了 HMC5883L 型磁传感器芯片,尺寸仅为 3.0 mm×3.0 mm×0.9 mm,支持 IIC 通信协议,已成功应用于汽车、智能手机、个人导航等领域。

国内开展地磁研究的主要有北京航空航天大学、武汉大学、中国测地所等单位,主研工作包括磁传感器研制、标校测试技术研究、新型地磁导航算法研究等,其研究成果已在船舶、水下潜器等的导航中应用,但对于更高品质的军用地磁导航系统还有待研究,整体水平与国外差距较大。国内外对磁传感器的研究目标在于追求低成本、低功耗、高分辨率等更高性能,以及组合模式下的地磁滤波方案。

11.4　MINS／GPS／GM 组合导航系统研究现状及趋势

由于单一导航模式的弊端、MEMS 惯性器件的发展,以及 MINS 在低成本、小型化导航应用领域的独特优势,结合 MINS、GPS、GM 之间优势互补的特性,现已发展多种 MINS/GPS、MINS/GM、MINS/GPS/GM 微惯性基组合导航系统。美国已将 MINS/GPS 组合系统成功应用于 JDAM 制导炸弹;英国已将 MINS/GM 组合系统用于水下 AUV 测姿定位,俄罗斯远东水下技术研究所已将 MINS/GM 组合导航应用于水下 AX-3000 型 AUV 导航定位;法国 SBG 公司研制的高性能 MINS/GPS/GM 组合导航系统已成功应用于无人机航姿测量。相关先进制造商有 Honeywell、SBG、Xsens、Crossbow、BEI、Sensonor、ACEINNA、Microstrain、Colibrys、NovAtel 等,典型产品及性能指标如图 11-4 和表 11-2 所示。

SBG Ekinox-N

Xsens MTi-G-710

NovAtel SPAN-IGM-A1

Honeywell N580

Crossbow NAV440CA

Microstrain 3DM-RQ1-45

图 11-4　国外典型 MINS/GPS/GM 组合导航系统外形

表 11-2　国外典型 MINS/GPS/GM 组合导航系统及相关指标

制造商	系统型号	性能指标
SBG	Ekinox-N	水平姿态精度为 0.05°,地磁辅助航向精度为 0.5°,GPS 辅助航向精度为 0.1°,双 GPS 辅助航向精度为 0.05°,定位精度为 1.5 m,陀螺零偏为 3(°)/h,陀螺测量范围为 ±400(°)/s,加速度计零偏为 0.02mg,测量范围为 ±5g,数据更新频率为 200 Hz,尺寸为 10 cm×8.6 cm×6.4 cm,功耗小于 5 W,质量为 500 g,适应温度范围为 −40～+75 ℃,支持外接 ODO、DVL
Microstrain	3DM-RQ1-45	陀螺零偏为 5(°)/h,测量范围为 ±900(°)/s,加速度计零偏为 0.02mg,测量范围为 ±5g,磁强计测量范围为 ±2.5 Gs,地磁辅助航向精度为 0.5°,GPS 辅助航向精度为 0.1°,姿态精度为 0.05°,速度精度为 0.1 m/s,位置精度为 2.5 m,输出频率为 500 Hz,尺寸为 8.8 cm×76.2 cm×2.2 cm,功耗为 2.5 W,适应温度范围为 −40～+85 ℃
Xsens	MTi-G-710	陀螺零偏为 10(°)/h,测量范围为 ±450(°)/s,加速度计零偏为 0.04mg,测量范围为 ±5.1g,GPS 辅助航向精度为 1.0°,姿态精度为 0.25°,速度精度为 0.05 m/s,位置精度为 1.0 m,GPS 更新频率为 4 Hz,输出频率为 2000 Hz,尺寸为 5.7 cm×4.2 cm×2.3 cm,功耗为 0.95 W,质量为 55 g,适应温度范围为 −40～+85 ℃
Crossbow	NAV440CA	陀螺零偏为 10(°)/h,测量范围为 ±400(°)/s,加速度计零偏为 0.02mg,测量范围为 ±4g,磁强计测量范围为 ±1 Gs,测量精度为 0.005 mGs,航向精度为 1.0°,水平姿态精度为 0.2°,位置精度为 2.5 m,输出频率为 100 Hz,尺寸为 7.62 mm×9.53 mm×7.62 mm,功耗为 4 W,质量为 580 g,适应温度范围为 −40～+71 ℃
NovAtel	SPAN-IGM-A1	陀螺零偏为 6(°)/h,测量范围为 ±450(°)/s,加速度计零偏为 0.1mg,测量范围为 ±18g,GPS 辅助航向精度为 0.15°,姿态精度为 0.035°,速度精度为 0.02 m/s,位置精度为 1 m,输出频率为 200 Hz,尺寸为 15.2 cm×13.7 cm×5.1 cm,功耗为 2.5 W,质量为 475 g,适应温度范围为 −40～+65 ℃

　　国内 MINS/GPS/GM 导航研究力量大多集中在北航、北理、国防科大、南航、哈工程等工业和信息化部所属高校和空天院所及部分军民融合企业,主要受限于 MEMS 惯性器件的性能,现有研究成果大多处于理论层面和实验分析阶段,鲜有成熟的工程化应用产品。

　　国内外对 MINS/GPS/GM 导航的研究将以低成本、高集成化、抗高过载设计、耐高低温保护技术研发、高动态条件下误差补偿与导航解算技术研发、MINS/GPS 深组合及一体化接收机设计、高冗余可靠性设计、多传感器信息融合、应用多样化等作为总体发展趋势。

11.5　组合导航滤波算法研究现状及趋势

　　数据融合和滤波算法是组合导航实现的关键,其中,互补滤波从最初的固定参数已发展为多种形式的可变参数自适应滤波,例如:基于重力场自适应的 PI 参数可调自适应 Mahony 互补滤波,基于磁场干扰判断的加权比自适应互补滤波,基于载体线加速度大小的加权比自适应互补滤波,根据载体运动状态进行截止频率自适应调整的多传感器互补滤波算法等。Kalman滤波(KF)已成为组合导航中最为经典的滤波方式。对于汽车、船舶、水下大型潜器等机动性不强、运动平稳的载体(即系统非线性特性较弱的载体),KF 和 EKF 滤波效果良好,且具有计算量相对小的优势,但对于飞机、导弹等高机动性载体,由于系统非线性较强,KF 和 EKF 不再适用。为解决非线性模型的滤波问题,相关学者提出了 MPF、UKF、PF 等方法,但此类非线性滤波方法模型复杂,计算量大,不利于导航信息参数实时输出。为解决系统模型阶数高、计算量大的问题,相关学者提出了序贯 KF 滤波;为提高滤波算法对模型的适应性及增强系统的容错率,提出了联邦 KF 滤波。

　　组合导航滤波算法将继续以非线性、稳定性、快速收敛性、高精度、自适应性、高容错率、高鲁棒性等为其主研方向,并在工程应用中权衡模型复杂度、计算量、实时性、滤波精度、容错性等因素间的关系,完善其评价标准。

课 后 习 题

1. 简述 MEMS 传感器的定义和特点。
2. 试对比分析常见 MEMS 传感器在结构和使用效果方面的优缺点。
3. 简述组合导航系统的工作原理。
4. 简述组合导航滤波算法的实现方法和特点。

第 12 章　MINS/GPS/GM 组合导航原理及误差分析

12.1　概述

导航技术在民用和军用领域都具有非常重要的意义。无论是国家安全和军事作战,还是普通用户日常出行的导航需求,都对我国自主导航技术提出了非常迫切且严格的要求。与此同时,由于当今国内外政治环境的变化和国际局势的不确定性,我们必须掌握独立自主的导航技术,发展我国的国产导航系统,如北斗导航系统,尽快摆脱对国外导航技术的依赖,保证我国的国家安全和社会安全,助力开创国防和军队现代化新局面。

组合导航通常是指任何两种以上不同导航定位手段的组合使用技术。基于 MINS 的组合导航相对单一导航来说,其稳定性更强,可靠性更高,经济性更好。组合导航系统的一系列实现工作都需要在清楚各个子系统导航特性且满足组合导航基本原理的框架下进行。误差分析是组合导航系统运行的重要前提工作,对系统的导航精度至关重要。为了保证组合导航系统的可靠性和准确性,有必要对各子系统的主要误差进行分析和补偿。本章主要介绍 SINS、GPS、GM 和组合导航技术的基本原理以及误差分析,并使用公式和数据阐明组合导航系统的 Kalman 滤波原理。

12.2　SINS 导航原理及误差分析

12.2.1　SINS 导航原理

1. SINS 原理概要

SINS 的基本原理如图 12-1 所示:通过陀螺仪测量 ω_{ib}^b,加速度计测量 f_{ib}^b,经过必要的坐标变换以及误差补偿,借助 SINS 姿态、速度、位置方程经积分递推得到载体姿态、速度、位置信息,从而完成对载体的导航定位。

其中用到的坐标系有惯性系(i 系)、地球系(e 系)、导航系(n 系)、载体系(b 系),且导航系选为东-北-天地理坐标系,当地地理坐标系相对于地球系的方位就是载体的地理位置(经度 λ、纬度 L 和高程 h)。

b 系到 n 系的转换关系用矩阵 C_b^n 表示为

$$\begin{bmatrix} X_b \\ Y_b \\ Z_b \end{bmatrix} = \begin{bmatrix} \cos\gamma & 0 & \sin\gamma \\ 0 & 1 & 0 \\ -\sin\gamma & 0 & \cos\gamma \end{bmatrix} \begin{bmatrix} 1 & 0 & 0 \\ 0 & \cos\theta & -\sin\theta \\ 0 & \sin\theta & \cos\theta \end{bmatrix} \begin{bmatrix} \cos\varphi & -\sin\varphi & 0 \\ \sin\varphi & \cos\varphi & 0 \\ 0 & 0 & 1 \end{bmatrix} \begin{bmatrix} X_n \\ Y_n \\ Z_n \end{bmatrix} = C_b^n \begin{bmatrix} X_n \\ Y_n \\ Z_n \end{bmatrix}$$

$$(12\text{-}1)$$

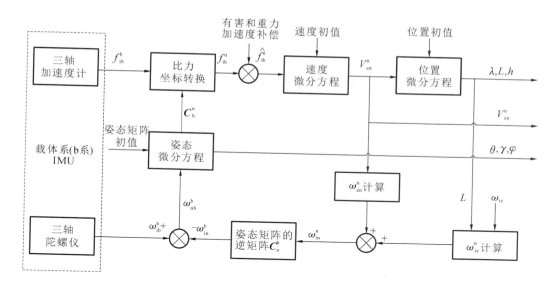

图 12-1　SINS 原理简图

$$\boldsymbol{C}_{\mathrm{b}}^{\mathrm{n}} = \begin{bmatrix} \cos\gamma\cos\varphi + \sin\gamma\sin\theta\sin\varphi & \cos\theta\sin\varphi & \sin\gamma\cos\varphi - \cos\gamma\sin\theta\sin\varphi \\ \sin\gamma\sin\theta\sin\varphi - \cos\gamma\sin\theta & \cos\theta\cos\varphi & -\sin\gamma\sin\varphi - \cos\gamma\sin\theta\cos\varphi \\ -\sin\gamma\cos\theta & \sin\theta & \cos\gamma\cos\theta \end{bmatrix} \tag{12-2}$$

其中，φ、θ、γ 分别表示航向角、俯仰角、横滚角。

或者

$$\boldsymbol{C}_{\mathrm{b}}^{\mathrm{n}} = \begin{bmatrix} q_0^2 + q_1^2 - q_2^2 - q_3^2 & 2(q_1 q_2 - q_0 q_3) & 2(q_1 q_3 + q_0 q_2) \\ 2(q_1 q_2 + q_0 q_3) & q_0^2 - q_1^2 + q_2^2 - q_3^2 & 2(q_2 q_3 - q_0 q_1) \\ 2(q_1 q_3 - q_0 q_2) & 2(q_2 q_3 + q_0 q_1) & q_0^2 - q_1^2 - q_2^2 + q_3^2 \end{bmatrix} \tag{12-3}$$

其中，q_0, q_1, q_2, q_3 为四元数。

2. SINS 更新方程

（1）姿态更新方程为

$$\dot{\boldsymbol{q}}_{\mathrm{b}}^{\mathrm{n}} = \frac{1}{2} \boldsymbol{q}_{\mathrm{b}}^{\mathrm{n}} \boldsymbol{\omega}_{\mathrm{ibq}}^{\mathrm{b}} - \frac{1}{2} \boldsymbol{\omega}_{\mathrm{inq}}^{\mathrm{n}} \boldsymbol{q}_{\mathrm{b}}^{\mathrm{n}} \tag{12-4}$$

其中：$\boldsymbol{\omega}_{\mathrm{in}}^{\mathrm{n}} = \boldsymbol{\omega}_{\mathrm{ie}}^{\mathrm{n}} + \boldsymbol{\omega}_{\mathrm{en}}^{\mathrm{n}}$，且有

$$\boldsymbol{\omega}_{\mathrm{ie}}^{\mathrm{n}} = \begin{bmatrix} 0 & \omega_{\mathrm{ie}}\cos L & \omega_{\mathrm{ie}}\sin L \end{bmatrix}^{\mathrm{T}}$$

$$\boldsymbol{\omega}_{\mathrm{en}}^{\mathrm{n}} = \begin{bmatrix} \dfrac{-v_{\mathrm{N}}^{\mathrm{n}}}{R_{\mathrm{M}} + h} & \dfrac{v_{\mathrm{E}}^{\mathrm{n}}}{R_{\mathrm{N}} + h} & \dfrac{v_{\mathrm{E}}^{\mathrm{n}}\tan L}{R_{\mathrm{N}} + h} \end{bmatrix}^{\mathrm{T}}$$

$$R_{\mathrm{M}} = \frac{R_{\mathrm{e}}(1 - e^2)}{(1 - e^2 \sin^2 L)^{3/2}}$$

$$R_{\mathrm{N}} = \frac{R_{\mathrm{e}}}{\sqrt{1 - e^2 \sin^2 L}}$$

（2）速度更新方程为

$$\dot{\boldsymbol{v}}^{\mathrm{n}} = \boldsymbol{f}_{\mathrm{sf}}^{\mathrm{n}} + \boldsymbol{g}^{\mathrm{n}} - (\boldsymbol{\omega}_{\mathrm{en}}^{\mathrm{n}} + 2\boldsymbol{\omega}_{\mathrm{ie}}^{\mathrm{n}}) \times \boldsymbol{v}^{\mathrm{n}} \tag{12-5}$$

其中:$\boldsymbol{f}_{\mathrm{sf}}^{\mathrm{n}}=\boldsymbol{C}_{\mathrm{b}}^{\mathrm{n}}\boldsymbol{f}_{\mathrm{sf}}^{\mathrm{b}}$

$$\boldsymbol{g}^{\mathrm{n}} = \begin{bmatrix} 0 & 0 & -g \end{bmatrix}^{\mathrm{T}}$$

$$g = g_0[1 + 0.00527094\sin^2 L + 0.0000232718\sin^4 L] - 0.000003086h$$

$$g_0 = 9.7803267714 \text{ m/s}^2$$

(3)位置更新方程组为

$$\begin{cases} \dot{L} = \dfrac{v_{\mathrm{N}}^{\mathrm{n}}}{R_{\mathrm{M}} + h} \\[3mm] \dot{\lambda} = \dfrac{v_{\mathrm{E}}^{\mathrm{n}}}{R_{\mathrm{N}} + h}\sec L \\[3mm] \dot{h} = v_{\mathrm{U}}^{\mathrm{n}} \end{cases} \tag{12-6}$$

3. SINS 误差模型

(1)SINS 姿态误差方程为

$$\dot{\boldsymbol{\varphi}} = -\boldsymbol{\omega}_{\mathrm{in}}^{\mathrm{n}} \times \boldsymbol{\varphi} + \delta\boldsymbol{\omega}_{\mathrm{in}}^{\mathrm{n}} - \delta\boldsymbol{\omega}_{\mathrm{ib}}^{\mathrm{n}} \tag{12-7}$$

且定义姿态误差角 $\boldsymbol{\varphi} = \begin{bmatrix} \delta\theta & \delta\gamma & \delta\psi \end{bmatrix}^{\mathrm{T}}$，$\delta\boldsymbol{v} = \begin{bmatrix} \delta v_{\mathrm{E}}^{\mathrm{n}} & \delta v_{\mathrm{N}}^{\mathrm{n}} & \delta v_{\mathrm{U}}^{\mathrm{n}} \end{bmatrix}^{\mathrm{T}}$ 为东-北-天速度误差，$\delta\boldsymbol{p} = [\delta L$ $\delta\lambda$ $\delta h]^{\mathrm{T}}$ 为纬度、经度、高度误差，$\boldsymbol{\varepsilon}^{\mathrm{b}}$，$\nabla^{\mathrm{b}}$ 分别为标定的陀螺仪和加速度计常值零偏误差，$\delta\boldsymbol{\omega}_{\mathrm{ie}}^{\mathrm{n}}$ 和 $\delta\boldsymbol{\omega}_{\mathrm{en}}^{\mathrm{n}}$ 整理为

$$\delta\boldsymbol{\omega}_{\mathrm{ie}}^{\mathrm{n}} = \begin{bmatrix} 0 & 0 & 0 \\ -\omega_{\mathrm{ie}}\sin L & 0 & 0 \\ \omega_{\mathrm{ie}}\cos L & 0 & 0 \end{bmatrix}\begin{bmatrix} \delta L \\ \delta\lambda \\ \delta h \end{bmatrix} \tag{12-8}$$

$$\delta\boldsymbol{\omega}_{\mathrm{en}}^{\mathrm{n}} = \begin{bmatrix} 0 & -\dfrac{1}{R_{\mathrm{M}}+h} & 0 \\[2mm] \dfrac{1}{R_{\mathrm{N}}+h} & 0 & 0 \\[2mm] \dfrac{\tan L}{R_{\mathrm{N}}+h} & 0 & 0 \end{bmatrix}\begin{bmatrix} \delta v_{\mathrm{E}}^{\mathrm{n}} \\ \delta v_{\mathrm{N}}^{\mathrm{n}} \\ \delta v_{\mathrm{U}}^{\mathrm{n}} \end{bmatrix} + \begin{bmatrix} 0 & 0 & \dfrac{v_{\mathrm{N}}^{\mathrm{n}}}{(R_{\mathrm{M}}+h)^2} \\[2mm] 0 & 0 & -\dfrac{v_{\mathrm{E}}^{\mathrm{n}}}{(R_{\mathrm{N}}+h)^2} \\[2mm] \dfrac{v_{\mathrm{E}}^{\mathrm{n}}\sec^2 L}{R_{\mathrm{N}}+h} & 0 & -\dfrac{v_{\mathrm{E}}^{\mathrm{n}}\tan L}{(R_{\mathrm{N}}+h)^2} \end{bmatrix}\begin{bmatrix} \delta L \\ \delta\lambda \\ \delta h \end{bmatrix} \tag{12-9}$$

令

$$\boldsymbol{M}_3 = \begin{bmatrix} 0 & -\dfrac{1}{R_{\mathrm{M}}+h} & 0 \\[3mm] \dfrac{1}{R_{\mathrm{N}}+h} & 0 & 0 \\[3mm] \dfrac{\tan L}{R_{\mathrm{N}}+h} & 0 & 0 \end{bmatrix} \tag{12-10}$$

$$\boldsymbol{M}_4 = \begin{bmatrix} 0 & 0 & \dfrac{v_{\mathrm{N}}^{\mathrm{n}}}{(R_{\mathrm{M}}+h)^2} \\[3mm] -\omega_{\mathrm{ie}}\sin L & 0 & -\dfrac{v_{\mathrm{E}}^{\mathrm{n}}}{(R_{\mathrm{N}}+h)^2} \\[3mm] \omega_{\mathrm{ie}}\sin L + \dfrac{v_{\mathrm{E}}^{\mathrm{n}}\sec^2 L}{R_{\mathrm{N}}+h} & 0 & -\dfrac{v_{\mathrm{E}}^{\mathrm{n}}\tan L}{(R_{\mathrm{N}}+h)^2} \end{bmatrix} \tag{12-11}$$

则 SINS 姿态误差方程可简记为

$$\dot{\boldsymbol{\varphi}} = -\boldsymbol{\omega}_{\text{in}}^{\text{n}} \times \boldsymbol{\varphi} + \boldsymbol{M}_3 \delta \boldsymbol{v}^{\text{n}} + \boldsymbol{M}_4 \delta \boldsymbol{p} - \boldsymbol{C}_{\text{b}}^{\text{n}} \boldsymbol{\varepsilon}^{\text{b}} \tag{12-12}$$

（2）速度误差方程为

$$\delta \dot{\boldsymbol{v}}^{\text{n}} = \boldsymbol{f}_{\text{sf}}^{\text{n}} \times \boldsymbol{\varphi} - (2\boldsymbol{\omega}_{\text{ie}}^{\text{n}} + \boldsymbol{\omega}_{\text{en}}^{\text{n}}) \times \delta \boldsymbol{v}^{\text{n}} + \boldsymbol{v}^{\text{n}} \times (2\delta \boldsymbol{\omega}_{\text{ie}}^{\text{n}} + \delta \boldsymbol{\omega}_{\text{en}}^{\text{n}}) + \delta \boldsymbol{f}_{\text{sf}}^{\text{n}} \tag{12-13}$$

令

$$\boldsymbol{M}_5 = (\boldsymbol{v}^{\text{n}} \times)\boldsymbol{M}_3 - ((2\boldsymbol{\omega}_{\text{ie}}^{\text{n}} + \boldsymbol{\omega}_{\text{en}}^{\text{n}}) \times) \tag{12-14}$$

$$\boldsymbol{M}_6 = (\boldsymbol{v}^{\text{n}} \times) \begin{bmatrix} 0 & 0 & \dfrac{v_{\text{N}}^{\text{n}}}{(R_{\text{M}} + h)} \\ -2\omega_{\text{ie}}\sin L & 0 & -\dfrac{v_{\text{E}}^{\text{n}}}{(R_{\text{N}} + h)^2} \\ 2\omega_{\text{ie}}\cos L + \dfrac{v_{\text{E}}^{\text{n}}\sec^2 L}{R_{\text{N}} + h} & 0 & -\dfrac{v_{\text{E}}^{\text{n}}\tan L}{(R_{\text{N}} + h)^2} \end{bmatrix} \tag{12-15}$$

则速度误差方程可简记为

$$\delta \dot{\boldsymbol{v}}^{\text{n}} = \boldsymbol{f}_{\text{sf}}^{\text{n}} \times \boldsymbol{\varphi} + \boldsymbol{M}_5 \delta \boldsymbol{v}^{\text{n}} + \boldsymbol{M}_6 \delta \boldsymbol{p} + \boldsymbol{C}_{\text{b}}^{\text{n}} \nabla^{\text{b}} \tag{12-16}$$

（3）位置误差方程为

$$\begin{cases} \delta \dot{L} = \dfrac{1}{R_{\text{M}} + h} \delta v_{\text{N}}^{\text{n}} - \dfrac{v_{\text{N}}^{\text{n}}}{(R_{\text{M}} + h)^2} \delta h \\ \delta \dot{\lambda} = \dfrac{\sec L}{R_{\text{N}} + h} \delta v_{\text{E}}^{\text{n}} + \dfrac{v_{\text{E}}^{\text{n}}\sec L\tan L}{R_{\text{N}} + h} \delta L - \dfrac{v_{\text{E}}^{\text{n}}\sec L}{(R_{\text{N}} + h)^2} \delta h \\ \delta \dot{h} = \delta v_{\text{U}}^{\text{n}} \end{cases} \tag{12-17}$$

由系统各误差方程可知：除天向位置误差只与天向速度相关外，SINS 的姿态、速度、位置相互影响，整个系统属于闭环反馈系统。

12.2.2 MIMU 误差机理分析及误差标定

1. MIMU 误差机理分析

MIMU 的误差主要取决于其制造工艺、物理结构、工作原理及使用环境，误差大致来源于以下三个方面：

（1）MEMS 陀螺仪误差；

（2）MEMS 加速度计误差；

（3）安装误差，以及由 MIMU 的具体使用环境引起的误差，如温度变化、冲击振动、磁场干扰、载体运动情况等引起的误差。

按不同标准，MIMU 误差可分为静态误差和动态误差，也可分为确定性误差和随机误差。其中，静态误差和动态误差均属于确定性误差，通过建立相应的模型和标定测试，可以补偿或大部分补偿，惯性器件自身的重复性和稳定性指标对该部分误差补偿起决定性作用；MIMU 在实际使用过程中的随机误差是较难补偿的。

MEMS 陀螺仪和加速度计的误差主要包含以下几个部分：

（1）零偏：指在无输入情况下的传感器输出。一般又将其分为静态零偏和动态零偏。一旦系统开机启动，其静态零偏保持不变，但逐次启动则会有变化。动态零偏又称为零偏不稳定性，通常动态零偏约为静态零偏的 10%。陀螺仪零偏一般采用（°）/h 或（°）/s 作为其惯用单位,战术级 MEMS 陀螺仪的零偏范围一般为 $1 \sim 100(°)/h$,加速度计零偏一般采用 μg 或 mg 作为其惯用单位,战术级 MEMS 加速度计的零偏范围一般为 $1mg \sim 10mg$。

（2）刻度因数误差:指惯性器件输入-输出转换单位后斜率的偏差,主要由刻度因数非线性和不对称性及轴间不对准引起,其惯用单位为 ppm(百万分之一)。

（3）交叉耦合误差:指某一敏感轴无输入而非敏感轴产生的输出。它主要是由惯性器件的敏感轴与载体坐标轴不一致造成的,本质原因是加工工艺受限。此外,在振动型惯性传感器中,各传感器之间的串扰也会导致交叉耦合误差。对于 MEMS 惯性传感器,其自身的交叉耦合误差可能会超过安装不对准导致的交叉耦合误差,交叉耦合误差惯用单位为 ppm(百万分之一)。

（4）随机误差:主要包括量化噪声、角度/角速率随机游走、偏置不稳定性、速率斜坡、马尔可夫过程、正弦噪声等造成的误差。实际上,建模偏差和测试不全面,特别是使用环境(载体机动、振动、温度、磁场等)将激励出更多的随机误差。

以上误差一般可细分如下几类。

（1）固定项:惯性传感器每次开机时都会产生的一个常值偏差。可以经标定测试获得,并对其进行补偿。

（2）温度相关项:因温度变化而产生的误差。可通过温度试验建立适当的温差补偿模型,对其进行有效补偿。

（3）逐次启动项:由陀螺仪的各次启动变化引起的随机偏差。每次开机该项的值均不同,但一旦开机,则在此次开机的整个过程中保持不变。

（4）运行间变化项:由传感器工作过程引起的随机变化误差,对其补偿比较困难。

实际上,由于传感器制造材质、加工工艺、工作原理等不尽相同,惯性传感器误差还包括由振动频率、非等弹性以及量程、带宽超限引起的多方面误差。然而对 MIMU 而言,这些误差不是主要误差源,此处仅指出,不做处理分析。

2. MIMU 误差标定

1）MEMS 陀螺仪数学模型

主要考虑 MEMS 陀螺仪的常值漂移、安装误差和刻度系数误差,且忽略交叉二次项的影响,得其输出数学模型为

$$
\begin{bmatrix} N_{Gx} \\ N_{Gy} \\ N_{Gz} \end{bmatrix} = \begin{bmatrix} N_{Gx0} \\ N_{Gy0} \\ N_{Gz0} \end{bmatrix} + \begin{bmatrix} K_{Gx} & E_{Gxy} & E_{Gxz} \\ E_{Gyx} & K_{Gy} & E_{Gyz} \\ E_{Gzx} & E_{Gzy} & K_{Gz} \end{bmatrix} \begin{bmatrix} \omega_x \\ \omega_y \\ \omega_z \end{bmatrix} \tag{12-18}
$$

式中:N_{Gx},N_{Gy},N_{Gz} 分别为 x,y,z 轴的 MEMS 陀螺仪的输出,单位为 $(°)/s$;N_{Gx0},N_{Gy0},N_{Gz0} 分别为 x,y,z 轴的 MEMS 陀螺仪的常值零偏,单位为 $(°)/s$;K_{Gx},K_{Gy},K_{Gz} 分别为 x,y,z 轴的 MEMS 陀螺仪的刻度系数;E_{Gxy},E_{Gxz},E_{Gyx},E_{Gyz},E_{Gzx},E_{Gzy} 分别为 MEMS 陀螺仪的安装误差;ω_x,ω_y,ω_z 分别为 x,y,z 轴的输入角速度,单位为 $(°)/s$。

2）MEMS 加速度计数学模型

忽略交叉二次项的影响,只计常值偏差、安装误差和刻度系数误差,得 MEMS 加速度计的输出数学模型为

$$\begin{bmatrix} N_{Ax} \\ N_{Ay} \\ N_{Az} \end{bmatrix} = \begin{bmatrix} N_{Ax0} \\ N_{Ay0} \\ N_{Az0} \end{bmatrix} + \begin{bmatrix} K_{Ax} & E_{Axy} & E_{Axz} \\ E_{Ayx} & K_{Ay} & E_{Ayz} \\ E_{Azx} & E_{Azy} & K_{Az} \end{bmatrix} \begin{bmatrix} a_x \\ a_y \\ a_z \end{bmatrix} \tag{12-19}$$

式中：N_{Ax}，N_{Ay}，N_{Az} 分别为 x，y，z 轴的 MEMS 加速度计的实测输出，单位为 m/s^2；N_{Ax0}，N_{Ay0}，N_{Az0} 分别为 x，y，z 轴的 MEMS 加速度计的常值偏差，单位为 m/s^2；K_{Ax}，K_{Ay}，K_{Az} 分别为 x，y，z 轴的 MEMS 加速度计的刻度系数；E_{Axy}，E_{Axz}，E_{Ayx}，E_{Ayz}，E_{Azx}，E_{Azy} 分别为 MEMS 加速度计的安装误差；a_x，a_y，a_z 分别为 x，y，z 轴的 MEMS 加速度计的输入，单位为 m/s^2。

3）三轴转台分立级标定试验

试验设备：SGT-3 三轴转台、数据采集与处理一体化上位机、MINS/GPS/GM 系统、电源、连接电缆，如图 12-2 所示。

图 12-2　MIMU 三轴转台分立级标定试验设备

试验流程如下。

（1）MEMS 陀螺仪六速率标定方案。

① 将 MIMU 安装在转台上，且保证 MIMU 坐标系与工装坐标系 $OX_bY_bZ_b$、转台坐标系一致，以使 MIMU 正交翻转，且 Z_b、Y_b、X_b 轴依次指天；

② 开启控制柜并输入指令使转台各轴归零，MIMU 通电预热 30 min 后进行试验；

③ 使转台分别绕 Z_b 轴、$-Z_b$ 轴、Y_b 轴、$-Y_b$ 轴、X_b 轴、$-X_b$ 轴以选定的角速率旋转，并记录 3 min 内 MIMU 的输出值，每次转动完成后转台主轴归零；

④ MIMU 断电，完成一次速率标定试验；

⑤ MIMU 断电冷却后，开机预热 30 min。

重复步骤③④⑤进行下一组标定试验。

分别设定 3 个角速率为 10(°)/s、20(°)/s、30(°)/s，共进行 3 组试验，以考察标定参数的重复性。

不考虑地球自转角速度的影响，根据其误差模型，得到刻度系数和常值零偏为

$$\begin{cases} K_{Gx} = (W_{x+} - W_{x-})/2\omega_x \\ K_{Gy} = (W_{y+} - W_{y-})/2\omega_y \\ K_{Gz} = (W_{z+} - W_{z-})/2\omega_z \\ N_{Gx0} = (W_{x+} - W_{x-})/2 \\ N_{Gy0} = (W_{y+} - W_{y-})/2 \\ N_{Gz0} = (W_{z+} - W_{z-})/2 \end{cases} \quad (12\text{-}20)$$

式中：W_{x+}、W_{y+}、W_{z+}、W_{x-}、W_{y-}、W_{z-} 分别为转台正反转时 MEMS 陀螺仪三轴的输出值。

当绕 X_b 轴正向转动时，Y_b、Z_b 轴 MEMS 陀螺仪的输出为

$$\begin{cases} W_{y+} = N_{Gy0} + E_{Gxy}\omega_x \\ W_{z+} = N_{Gz0} + E_{Gzx}\omega_x \end{cases} \quad (12\text{-}21)$$

借助正反转输出差，可得安装误差角为

$$\begin{cases} E_{Gxy} = (W_{x+} - W_{x-})/2\omega_y \\ E_{Gxz} = (W_{x+} - W_{x-})/2\omega_z \\ E_{Gyx} = (W_{y+} - W_{y-})/2\omega_x \\ E_{Gyz} = (W_{y+} - W_{y-})/2\omega_z \\ E_{Gzx} = (W_{z+} - W_{z-})/2\omega_x \\ E_{Gzy} = (W_{z+} - W_{z-})/2\omega_y \end{cases} \quad (12\text{-}22)$$

（2）MEMS 加速度计六位置标定方案。

① 将 MIMU 安装在转台上，且保证 MIMU 坐标系与工装坐标系 $OX_bY_bZ_b$、转台坐标系一致，以使 MIMU 正交翻转，且 Z_b、Y_b、Z_b 轴依次指天；

② 开启控制柜并输入指令使转台各轴归零，MIMU 通电预热 30 min 后进行试验；

③ 分别在 Z_b 轴指天、指地，Y_b 轴指天、指地，X_b 轴指天、指地 6 个位置各静止 3 min 并记录 MIMU 的输出；

④ MIMU 断电，完成一次位置标定试验；

⑤ MIMU 断电冷却后，开机预热 30 min。

重复步骤③④⑤进行下一组标定试验，共进行 3 组试验，以考察标定参数的重复性。

根据加速度计误差模型，得其在六个位置的输出分别如下：

X_b 轴 MEMS 加速度计的输出为

$$\begin{cases} N_{Ax1} = N_{Ax0} + E_{Axz}g \\ N_{Ax2} = N_{Ax0} - E_{Axz}g \\ N_{Ax3} = N_{Ax0} + K_{Ax}g \\ N_{Ax4} = N_{Ax0} - K_{Ax}g \\ N_{Ax5} = N_{Ax0} + E_{Axy}g \\ N_{Ax6} = N_{Ax0} - E_{Axy}g \end{cases} \quad (12\text{-}23)$$

Y_b 轴 MEMS 加速度计的输出为

$$\begin{cases} N_{Ay1} = N_{Ay0} + E_{Ayz}g \\ N_{Ay2} = N_{Ay0} - E_{Ayz}g \\ N_{Ay3} = N_{Ay0} + E_{Ayx}g \\ N_{Ay4} = N_{Ay0} - E_{Ayx}g \\ N_{Ay5} = N_{Ay0} + K_{Ay}g \\ N_{Ay6} = N_{Ay0} - K_{Ay}g \end{cases} \tag{12-24}$$

Z_b 轴 MEMS 加速度计的输出为

$$\begin{cases} N_{Az1} = N_{Az0} + K_{Az}g \\ N_{Az2} = N_{Az0} - K_{Az}g \\ N_{Az3} = N_{Az0} + E_{Azx}g \\ N_{Az4} = N_{Az0} - E_{Azx}g \\ N_{Az5} = N_{Az0} + E_{Azy}g \\ N_{Az6} = N_{Az0} - E_{Azy}g \end{cases} \tag{12-25}$$

由式(12-23)至式(12-25)可以得到 MEMS 加速度计的误差系数表达式为

$$\begin{cases} N_{Ax0} = \dfrac{N_{Ax1} + N_{Ax2} + N_{Ax5} + N_{Ax6}}{4} \\ N_{Ay0} = \dfrac{N_{Ay1} + N_{Ay2} + N_{Ay3} + N_{Ay4}}{4} \\ N_{Az0} = \dfrac{N_{Az3} + N_{Az4} + N_{Az5} + N_{Az6}}{4} \end{cases} \tag{12-26}$$

$$\begin{cases} K_{Ax} = -\dfrac{N_{Ax4} - N_{Ax3}}{2g} \\ K_{Ay} = -\dfrac{N_{Ay6} - N_{Ay5}}{2g} \\ K_{Az} = -\dfrac{N_{Az2} - N_{Az1}}{2g} \end{cases} \tag{12-27}$$

$$\begin{cases} E_{Axy} = -\dfrac{N_{Ax6} - N_{Ax5}}{2g} \\ E_{Axz} = -\dfrac{N_{Ax2} - N_{Ax1}}{2g} \\ E_{Ayx} = -\dfrac{N_{Ax4} - N_{Ax3}}{2g} \\ E_{Ayz} = -\dfrac{N_{Ax2} - N_{Ax1}}{2g} \\ E_{Azx} = -\dfrac{N_{Ax4} - N_{Ax3}}{2g} \\ E_{Azy} = -\dfrac{N_{Ax6} - N_{Ax5}}{2g} \end{cases} \tag{12-28}$$

MIMU 三轴转台分立级标定结果如表 12-1 所示。

表 12-1 MIMU 三轴转台分立级标定结果

陀螺仪	第一组	第二组	第三组	加速度计	第一组	第二组	第三组
$N_{Gx0}/(°/h)$	145.53	−128.91	−79.35	N_{Ax0}/mg	−10.871	−10.835	−10.852
$N_{Gy0}/(°/h)$	112.93	−105.51	−83.84	N_{Ay0}/mg	8.595	8.569	8.580
$N_{Gz0}/(°/h)$	96.41	−135.69	−115.88	N_{Az0}/mg	11.381	11.367	11.395
K_{Gx}	0.9987	0.9995	0.9978	K_{Ax}	0.9998	0.9997	0.9997
K_{Gy}	1.0001	1.0005	1.0009	K_{Ay}	1.0001	1.0001	1.0002
K_{Gz}	0.9975	0.9972	0.9977	K_{Az}	0.9995	0.9995	0.9997
$E_{Gxy}/(°)$	0.0032	0.0036	0.0027	$E_{Axy}/(°)$	0.0021	0.0020	−0.0017
$E_{Gxz}/(°)$	−0.0005	0.0005	−0.0006	$E_{Axz}/(°)$	−0.0003	−0.0003	0.0004
$E_{Gyx}/(°)$	0.0012	0.0009	0.0013	$E_{Ayx}/(°)$	−0.0001	−0.0002	0.0002
$E_{Gyz}/(°)$	0.0001	−0.0002	−0.0005	$E_{Ayz}/(°)$	−0.0004	0.0005	−0.0004
$E_{Gzx}/(°)$	0.0007	0.0016	0.0011	$E_{Azx}/(°)$	0.0015	0.0014	0.0003
$E_{Gzy}/(°)$	0.0006	0.0004	−0.0005	$E_{Azy}/(°)$	0.00006	0.0007	−0.0008

由表 12-1 分析可知：MEMS 陀螺仪和加速度计的刻度系数和安装误差参数较为稳定，但其每次开机标定的零偏相差较大，即零偏重复性较差。针对此情况，可采用零偏开机自标定方法（通常取静态情况下开机后一段时间内惯性器件输出的平均值作为其近似零偏值），以更准确地获得当前开机情况下的零偏值。

12.2.3 基于 Allan 方差的 MIMU 随机误差参数辨识

Allan 方差分析法常用于惯性器件随机误差的分析、统计，其可以清晰地对各随机误差源进行细致的表征和辨识。

Allan 方差的分组过程如图 12-3 所示。

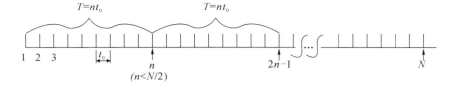

图 12-3 Allan 方差的分组过程示意图

Allan 方差计算方法如下：

假设在一段时间内共采集 N 个陀螺仪数据序列 $W_1(t_0),W_2(t_0),W_3(t_0),\cdots,W_N(t_0)$；序列输出间隔为 t_0（即为采样周期）；把 N 个数据分成 $K=N/n$ 组，且每一组包含 n 个采样点（n 的取值规律为 $n=2^j,j=0,1,2,\cdots,$ 且 $n<N/2$）；每一组的平均值为

$$\overline{W}_k(n)=\frac{1}{n}\sum_{i=1}^{n}W_{(k-1)n+i},k=1,2,3,\cdots,K \qquad (12-29)$$

则 Allan 方差由下式给出：

$$\sigma_A^2(T) = \frac{1}{2}\langle[\bar{W}_{k+1}(n) - \bar{W}_k(n)]^2\rangle \cong \frac{1}{2(K-1)}\sum_{k=1}^{K-1}[\bar{W}_{k+1}(n) - \bar{W}_k(n)]^2 \quad (12\text{-}30)$$

式中：$T = nt_0$，$n = 2^j$，$j = 0, 1, 2, \cdots$，直至 n 刚好满足 $n < N/2$；$\langle \cdot \rangle$ 表示总体取平均值，这里"$=$"成立的条件是 $N = 2^m (m>1)$，"$\approx$"对应的情况是 $N \neq 2^m$。在数据分组的过程中会出现不满足 $n = 2^j$ 的情况，这时需要将一些数舍去。

应当指出的是：严格按定义来说 $\sigma_A^2(T)$ 为 Allan 方差，而 $\sigma_A(T)$ 为 Allan 标准差，但习惯上直接称 $\sigma_A(T)$ 为 Allan 方差，且在借助其辨识 MEMS 惯性器件误差参数时，为更直观地显示参数辨识结果，常绘制 $T\text{-}\sigma_A(T)$ 的双对数 $\lg T\text{-}\lg\sigma_A(T)$ 曲线。

数据中包含的随机噪声成分由器件类型和环境所决定。假设 MEMS 惯性器件的噪声源是稳定且独立的，则其 Allan 方差由每个误差类型的平方和组成。随机噪声的具体作用过程见图 12-4。

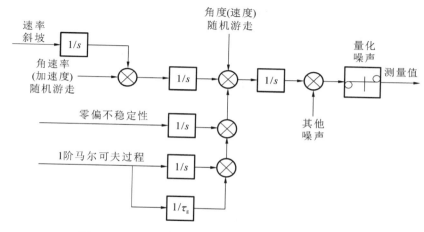

图 12-4　MEMS 惯性器件随机噪声作用过程示意图

通常认为 MEMS 惯性器件主要随机误差项包括五类，即量化噪声、角度随机游走、角速率随机游走、零偏不稳定性、速率斜坡，结合 Allan 方差与幂律谱之间的定量关系，可算出各误差项系数在双对数坐标图上的对应辨识参数，如表 12-2 所示。

表 12-2　常见噪声功率谱与 Allan 方差对应关系表

随机误差项	误差项系数	功率谱 $S_W(f)$	Allan 方差 $\sigma_A^2(T)$	T 的取值
量化噪声	Q	$(2\pi f)^2 T_0 Q^2$	$3Q^2/T^2$	$\sqrt{3}$
角度随机游走	N	N^2	N^2/T	1
零偏不稳定性	B	$B^2/2\pi f$	$4B^2/9$	—
角速率随机游走	K	$K^2(2\pi f)$	$KT^2/3$	$\sqrt{3}$
速率斜坡	R	—	$R^2T^2/2$	$\sqrt{2}$

由以上可得陀螺仪误差的 Allan 方差分析结果可表示为

$$\sigma_A^2(T) = \sigma_Q^2(T) + \sigma_N^2(T) + \sigma_B^2(T) + \sigma_K^2(T) + \sigma_R^2(T)$$

$$= \frac{3Q^2}{T} + \frac{N^2}{T} + \frac{4B^2}{9} + \frac{K^2 T}{3} + \frac{R^2 T^2}{2}$$

(12-31)

惯性器件随机噪声的 Allan 方差分析典型曲线如图 12-5 所示。

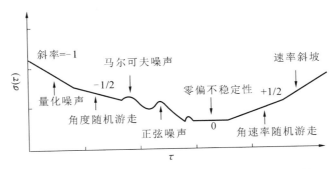

图 12-5 惯性器件随机噪声的 Allan 方差分析典型曲线

MIMU 陀螺仪和加速度计的实测 Allan 方差分析曲线如图 12-6 所示。

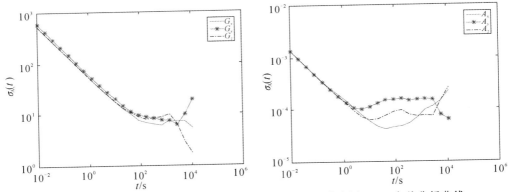

图 12-6 25 ℃温度环境下 MIMU 陀螺仪和加速度计的实测 Allan 方差分析曲线

MIMU 陀螺仪和加速度计的 Allan 方差误差参数辨识结果分别如表 12-3 和表 12-4 所示。

表 12-3 25 ℃温度环境下 MIMU 陀螺仪的 Allan 方差误差参数辨识结果

轴向	角度随机游走/$(°/\sqrt{h})$	零偏不稳定性/$(°/h)$
X 轴	0.37	5.73
Y 轴	0.55	6.15
Z 轴	0.63	4.81

表 12-4 25 ℃温度环境下 MIMU 加速度计的 Allan 方差误差参数辨识结果

轴向	角速率随机游走/$(°/\sqrt{h})^{1.5}$	零偏不稳定性/mg
X 轴	0.029	0.07
Y 轴	0.013	0.09
Z 轴	0.032	0.05

由表 12-3 和表 12-4 所示结果知,MIMU 陀螺仪和加速度计的误差参数同 ADIS16488 数据手册中所标注的指标基本一致,证明 Allan 方差分析在 MEMS 惯性器件随机误差参数辨识中效果明显。还应指出:多数惯性器件噪声的 Allan 方差曲线不会表现为图 12-5 所示的典型形式,而是仅表现出曲线中的少数几段。因为有些斜率段 Allan 方差对应的噪声太小,被其他斜率段 Allan 方差对应的较大噪声淹没了,所以一些误差项不能很好地被辨识。

12.3　GPS 导航原理及误差分析

GPS 是通过接收机收取空间卫星信息,并遵循四球面相交法进行四维导航(三维伪距、一维接收机钟差)解算而实现导航定位的,本质上属于无线电导航。由于多种误差的存在,用户得到的不是距离真值 ρ_i,而是伪距 D_i,两者关系如下(仅考虑主要误差项):

$$D_i = \rho_i + C\Delta t_{ti} + C(\Delta t_{us} - \Delta t_{si}) \tag{12-32}$$

式中:C 为无线电传播速度;Δt_{ti} 为第 i 颗星的传播延迟误差;Δt_{us} 为接收机与 GPS 系统的时差;Δt_{si} 为第 i 颗星与 GPS 系统的时差。

已知 (X_i, Y_i, Z_i) 为第 i 颗星的空间三维位置,(X, Y, Z) 为用户三维位置,由空间解析几何关系可知:

$$\rho_i = \sqrt{(X_i - X)^2 + (Y_i - Y)^2 + (Z_i - Z)^2} \tag{12-33}$$

则:

$$D_i = \sqrt{(X_i - X)^2 + (Y_i - Y)^2 + (Z_i - Z)^2} + C\Delta t_{ti} + C(\Delta t_{us} - \Delta t_{si}) \tag{12-34}$$

式(12-34)中,只有 X、Y、Z 和 Δt_{us} 是未知参数,而 X_i、Y_i、Z_i、Δt_{ti}、Δt_{si} 均可由导航电文信息直接获取或计算得出,因此 GPS 在收到 4 颗有效卫星的信号时,便可联立方程求解 X、Y、Z 和 Δt_{us},从而实现导航定位。

GPS 卫星信号从空间星座传至用户接收机的路径大致如图 12-7 所示。

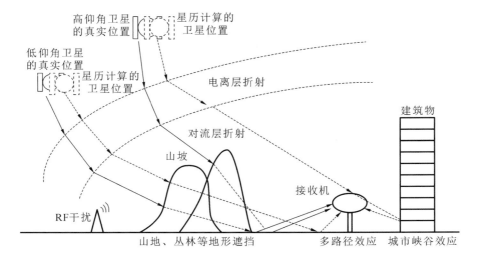

图 12-7　GPS 卫星信号传输路径示意图

根据卫星信号发射、传输、接收处理过程,可对 GPS 导航定位误差进行大致分类,如图 12-8 所示。

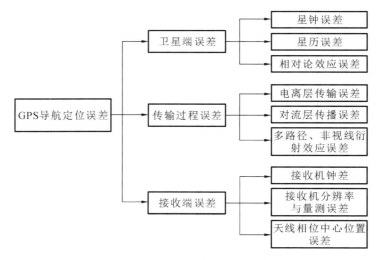

图 12-8 GPS 导航定位误差分类图

GPS 导航定位误差按性质分,其中的星钟误差、星历误差、相对论效应误差、电离层传输误差、对流层传播误差、接收机钟差属于系统误差,而多路径、非视线衍射效应误差,接收机分辨率与量测误差,天线相位中心位置误差等属于随机误差。值得注意的是,系统误差对 GPS 量测的影响较随机误差大得多,是 GPS 的主要误差源。

应当指出的是,由于 GPS 误差项较多、机理复杂,对其建模是十分困难的,此外较为复杂的高阶模型不利于 Kalman 滤波实时计算,且考虑到 GPS 量测的位置和速度误差是时间相关的,所以可用一阶马尔可夫过程给出其简化误差模型。

GPS 位置量测误差模型为

$$
\begin{cases}
\delta\dot{\lambda}_G = -\dfrac{\delta\lambda_G}{\tau_{\lambda_G}} + W_{\lambda_G} \\[2mm]
\delta\dot{L}_G = -\dfrac{\delta L_G}{\tau_{L_G}} + W_{L_G} \\[2mm]
\delta\dot{h}_G = -\dfrac{\delta h_G}{\tau_{h_G}} + W_{h_G}
\end{cases}
\tag{12-35}
$$

其中,τ_{λ_G}、τ_{L_G}、τ_{h_G} 为相关时间,一般取 $100 \sim 200$ s,W_{λ_G}、W_{L_G}、W_{h_G} 为测量白噪声。

GPS 速度量测误差模型为

$$
\begin{cases}
\delta\dot{V}_{EG} = -\dfrac{\delta V_{EG}}{\tau_{V_{EG}}} + W_{V_{EG}} \\[2mm]
\delta\dot{V}_{NG} = -\dfrac{\delta V_{NG}}{\tau_{V_{NG}}} + W_{V_{NG}} \\[2mm]
\delta\dot{V}_{UG} = -\dfrac{\delta V_{UG}}{\tau_{V_{UG}}} + W_{V_{UG}}
\end{cases}
\tag{12-36}
$$

其中,$\tau_{V_{EG}}$、$\tau_{V_{NG}}$、$\tau_{V_{UG}}$ 为相关时间,常取 $100 \sim 200$ s,$W_{V_{EG}}$、$W_{V_{NG}}$、$W_{V_{UG}}$ 为测量白噪声。

在实际应用中,由于丛林、隧道等的遮挡以及城市峡谷效应,GPS 无法同时捕获 4 颗及以上卫星的信号,会造成短时 GPS 信号失锁,无法给出定位信息,尤其是在室内封闭环境下,GPS 根本不适用。对于低成本 GPS 接收机及配套天线,其抗干扰性能差、数据更新频率低、信号捕获性能差,很难满足高动态情况(飞机、制导炮弹等)的具体要求,因此,GPS 作为导航方式的一种,一般不单独使用,常辅以其他系统,构成组合导航系统。

12.4　GM 导航原理及误差分析

12.4.1　GM 误差机理分析与建模

GM 传感器又称为磁强计,是用来敏感磁场强度的传感器。这里使用 ADIS16488MIMU 自带的三轴 GM 传感器来测量地磁强度,进而给出磁航向。受限于加工工艺、系统集成技术、数字采集与信号处理技术、温度影响、磁材料自身特性、周围硬软磁场干扰等,GM 传感器会产生测量误差,一般将其误差分为传感器制造误差、安装误差及罗差。

1. 传感器制造误差

传感器制造误差由零位误差、轴间不正交误差和灵敏度误差组成。其中零位误差是由传感器加工偏差、电路 A/D 转换及温变影响等原因造成的零点测量误差;轴间不正交误差是因制造安装过程中 GM 的三轴不可能绝对正交而产生的误差;灵敏度误差一般由测量信号的放大电路特性不一致引起。

建立三轴 GM 制造误差数学模型如下:

$$\boldsymbol{M} = \boldsymbol{K}\boldsymbol{M}_0 + \boldsymbol{m}_0 \tag{12-37}$$

展开即为

$$\begin{bmatrix} M_x \\ M_y \\ M_z \end{bmatrix} = \begin{bmatrix} k_x & 0 & 0 \\ 0 & k_y & 0 \\ 0 & 0 & k_z \end{bmatrix} \begin{bmatrix} 1 & 0 & \alpha \\ \beta & 1 & \gamma \\ 0 & 0 & 1 \end{bmatrix} \begin{bmatrix} M_{0x} \\ M_{0y} \\ M_{0z} \end{bmatrix} + \begin{bmatrix} m_{0x} \\ m_{0y} \\ m_{0z} \end{bmatrix} \tag{12-38}$$

其中:$\boldsymbol{K} = \begin{bmatrix} k_x & 0 & 0 \\ 0 & k_y & 0 \\ 0 & 0 & k_z \end{bmatrix} \begin{bmatrix} 1 & 0 & \alpha \\ \beta & 1 & \gamma \\ 0 & 0 & 1 \end{bmatrix}$ 为误差系数矩阵;$\boldsymbol{m}_0 = \begin{bmatrix} m_{0x} & m_{0y} & m_{0z} \end{bmatrix}^{\mathrm{T}}$ 为三轴 GM 零偏;α、β、γ 为三轴 GM 的轴间不正交角;$\boldsymbol{M}_0 = \begin{bmatrix} M_{0x} & M_{0y} & M_{0z} \end{bmatrix}^{\mathrm{T}}$ 为不考虑制造误差时,三轴 GM 的理论输出值;$\boldsymbol{M} = \begin{bmatrix} M_x & M_y & M_z \end{bmatrix}^{\mathrm{T}}$ 为制造误差存在时三轴 GM 的实际输出值。

2. 安装误差

安装误差指安装时 GM 的三轴与载体轴向不一致而引起的测量误差。一旦安装完毕,GM 轴向与载体系之间的安装误差角便随之确定,可设计合适的方法对其进行标定补偿。安装误差角指载体轴系与 GM 轴系之间存在的小角度偏差,如图 12-9 所示,其中,α'、β'、γ' 即为安装误差角。

根据坐标转换关系,加之 α'、β'、γ' 均为小角度角,可推导出三轴 GM 安装误差的数学模型如下:

$$\begin{bmatrix} M_{bx} \\ M_{by} \\ M_{bz} \end{bmatrix} = \begin{bmatrix} 1 & 0 & -\gamma' \\ 0 & 1 & 0 \\ \gamma' & 0 & 1 \end{bmatrix} \begin{bmatrix} 1 & 0 & 0 \\ 0 & 1 & \beta' \\ 0 & -\beta' & 1 \end{bmatrix} \begin{bmatrix} 1 & -\alpha' & 0 \\ \alpha' & 1 & 0 \\ 0 & 0 & 1 \end{bmatrix} = \begin{bmatrix} 1 & -\alpha' & -\gamma' \\ \alpha' & 1 & \beta' \\ \gamma' & -\beta' & 1 \end{bmatrix} \begin{bmatrix} M_{sx} \\ M_{sy} \\ M_{sz} \end{bmatrix}$$

$$(12\text{-}39)$$

式中:$[M_{bx} \quad M_{by} \quad M_{bz}]^{\mathrm{T}}$ 为所求的载体坐标系的磁场强度;$[M_{sx} \quad M_{sy} \quad M_{sz}]^{\mathrm{T}}$ 为传感器输出的磁场强度。

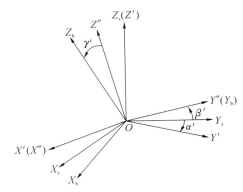

图 12-9　三轴磁传感器安装误差示意图

3. 罗差

罗差指因载体自身及周围磁场对 GM 传感器的干扰而产生的测量误差。这些干扰磁场大致分为硬铁磁场和软铁磁场:硬铁磁场一般由载体机电部件产生,其对 GM 测量值的影响是造成一个常值偏移;软铁磁场多为变化的磁干扰,其模型较为复杂。

若不考虑载体磁场干扰,假定载体在固定磁场范围内做各种姿态机动,则三轴 GM 的量测向量满足下式:

$$(\boldsymbol{H}_{\mathrm{obs}}^{\mathrm{m}})^{\mathrm{T}} \boldsymbol{H}_{\mathrm{obs}}^{\mathrm{m}} = (\boldsymbol{H}_{\mathrm{e}}^{\mathrm{b}})^{\mathrm{T}} \boldsymbol{H}_{\mathrm{e}}^{\mathrm{b}} = \|\boldsymbol{H}_{\mathrm{e}}^{\mathrm{b}}\|^{2} \tag{12-40}$$

式中:$\boldsymbol{H}_{\mathrm{obs}}^{\mathrm{m}}$ 和 $\boldsymbol{H}_{\mathrm{e}}^{\mathrm{b}}$ 分别表示磁场向量在 GM 坐标系和载体系中的投影。

将其改写成分量形式即为

$$(H_{\mathrm{obs},x}^{\mathrm{m}})^{2} + (H_{\mathrm{obs},y}^{\mathrm{m}})^{2} + (H_{\mathrm{obs},z}^{\mathrm{m}})^{2} = \|\boldsymbol{H}_{\mathrm{e}}^{\mathrm{b}}\|^{2} \tag{12-41}$$

式中:$H_{\mathrm{obs},x}^{\mathrm{m}}$、$H_{\mathrm{obs},y}^{\mathrm{m}}$、$H_{\mathrm{obs},z}^{\mathrm{m}}$ 分别表示 x、y、z 三轴向使用 GM 测量的磁场分量值。由式(12-41)知:三轴 GM 的量测向量满足空间圆球方程,磁测数据均分布在以 $\|\boldsymbol{H}_{\mathrm{e}}^{\mathrm{b}}\|$ 为当地磁场强度的球面上。

当考虑载体磁场干扰时,捷联式三轴 GM 的量测向量满足如下空间椭球方程:

$$(\boldsymbol{H}_{\mathrm{obs}}^{\mathrm{m}})^{\mathrm{T}} \frac{[(\boldsymbol{I}+\boldsymbol{C}_i)^{-1}]^{\mathrm{T}}(\boldsymbol{I}+\boldsymbol{C}_i)^{-1}\boldsymbol{H}_{\mathrm{obs}}^{\mathrm{m}}}{\|\boldsymbol{H}_{\mathrm{e}}^{\mathrm{b}}\|^{2}} - 2\frac{(\boldsymbol{H}_{\mathrm{p}}^{\mathrm{b}})^{\mathrm{T}}(\boldsymbol{I}+\boldsymbol{C}_i)^{-1}\boldsymbol{H}_{\mathrm{obs}}^{\mathrm{m}}}{\|\boldsymbol{H}_{\mathrm{e}}^{\mathrm{b}}\|^{2}} + \frac{(\boldsymbol{H}_{\mathrm{p}}^{\mathrm{b}})^{\mathrm{T}}\boldsymbol{H}_{\mathrm{p}}^{\mathrm{b}}}{\|\boldsymbol{H}_{\mathrm{e}}^{\mathrm{b}}\|^{2}} = 1$$

$$(12\text{-}42)$$

其中:$\boldsymbol{H}_{\mathrm{obs}}^{\mathrm{m}}$、$\boldsymbol{H}_{\mathrm{e}}^{\mathrm{b}}$ 定义同式(12-40);$\boldsymbol{H}_{\mathrm{p}}^{\mathrm{b}}$ 为载体磁场中固定磁场向量;$\boldsymbol{C}_i$ 为载体磁场感应系数矩阵。

综合以上对 GM 主要误差的分析,可得完备的三轴 GM 测量数学模型:

$$\boldsymbol{H}_{\mathrm{obs}}^{\mathrm{m}} = \boldsymbol{K}_{\mathrm{s}}\boldsymbol{K}_{\mathrm{n}}\boldsymbol{K}_{\mathrm{m}}(\boldsymbol{I}+\boldsymbol{C}_i)(\boldsymbol{H}_{\mathrm{e}}^{\mathrm{b}}+\boldsymbol{H}_{\mathrm{p}}^{\mathrm{b}}+\boldsymbol{H}_{\mathrm{d}}^{\mathrm{b}}) + \boldsymbol{H}_0 + \boldsymbol{H}_{\mathrm{n}} \tag{12-43}$$

其中：$\boldsymbol{H}_{obs}^{m}$、$\boldsymbol{H}_{e}^{b}$ 定义同式(12-40)；$\boldsymbol{H}_{p}^{b}$、$\boldsymbol{C}_{i}$ 定义同式(12-42)；$\boldsymbol{K}_{s}$、$\boldsymbol{K}_{n}$、$\boldsymbol{K}_{m}$ 分别对应三轴灵敏度矩阵、不正交角误差矩阵、安装误差角矩阵；$\boldsymbol{H}_{d}^{b}$、$\boldsymbol{H}_{0}$、$\boldsymbol{H}_{n}$ 分别表示干扰磁场向量、三轴 GM 零偏和量测噪声。

12.4.2　GM 误差标定与补偿

GM 传感器测量误差直接影响地磁导航信息的精确性，因此，在进行 GM 导航解算前，有必要对 GM 误差进行标定与补偿。常见的 GM 误差标定补偿方法有最小二乘拟合法、十二位置标定法、最佳椭球拟合法以及神经网络法等，其中最佳椭球拟合法在工程中较为实用，以下重点分析该补偿方法。

1. 制造误差标定补偿

三轴 GM 传感器在某一固定位置，地磁场强度为一常数，当载体做各种姿态变化时，三轴磁测数据满足如下椭球方程：

$$(\boldsymbol{H}_{m1})^{T}\frac{(\boldsymbol{K}^{-1})^{T}\boldsymbol{K}^{-1}\boldsymbol{H}_{m1}}{\|\boldsymbol{H}_{e}^{m}\|^{2}} - 2\frac{(\boldsymbol{H}_{0})^{T}(\boldsymbol{K}^{-1})^{T}\boldsymbol{K}^{-1}\boldsymbol{H}_{m1}}{\|\boldsymbol{H}_{e}^{m}\|^{2}} + \frac{(\boldsymbol{H}_{0})^{T}(\boldsymbol{K}^{-1})^{T}\boldsymbol{K}^{-1}\boldsymbol{H}_{0}}{\|\boldsymbol{H}_{e}^{m}\|^{2}} = 1 \quad (12\text{-}44)$$

进一步设椭球曲面的标量方程为

$$F(\boldsymbol{\zeta}, \boldsymbol{\rho}) = ax^{2} + by^{2} + cz^{2} + 2dxy + 2exz + 2fyz + 2px + 2qy + 2rz + m = 0$$

$$(12\text{-}45)$$

其中：$\boldsymbol{\zeta} = [\begin{matrix} a & b & c & d & e & f & p & q & r & m \end{matrix}]$ 为待求的最佳椭球拟合参数；$\boldsymbol{\rho} = [\begin{matrix} x^{2} & y^{2} & z^{2} \\ 2xy & 2xz & 2yz & 2p & 2q & 2r & 1 \end{matrix}]^{T}$ 是测量数据的组合向量；$F(\boldsymbol{\zeta}, \boldsymbol{\rho})$ 为测量数据(x, y, z)到该椭球曲面的代数距离。

最佳椭球拟合的判断准则是：测量数据到椭球曲面距离的平方和最小，即

$$\min_{\boldsymbol{\zeta} \in \mathbf{R}^{10}} \|F(\boldsymbol{\zeta}, \boldsymbol{\rho})\|^{2} = \min_{\boldsymbol{\zeta} \in \mathbf{R}^{10}} \boldsymbol{\zeta}^{T}\boldsymbol{D}^{T}\boldsymbol{D}\boldsymbol{\zeta} \quad (12\text{-}46)$$

其中：

$$\boldsymbol{D} = \begin{bmatrix} x_{1}^{2} & y_{1}^{2} & z_{1}^{2} & 2x_{1}y_{1} & 2x_{1}z_{1} & 2y_{1}z_{1} & 2x_{1} & 2y_{1} & 2z_{1} & 1 \\ x_{2}^{2} & y_{2}^{2} & z_{2}^{2} & 2x_{2}y_{2} & 2x_{2}z_{2} & 2y_{2}z_{2} & 2x_{2} & 2y_{2} & 2z_{2} & 1 \\ \vdots & \vdots & \vdots & \vdots & \vdots & \vdots & \vdots & \vdots & \vdots & \vdots \\ x_{N}^{2} & y_{N}^{2} & z_{N}^{2} & 2x_{N}y_{N} & 2x_{N}z_{N} & 2y_{N}z_{N} & 2x_{N} & 2y_{N} & 2z_{N} & 1 \end{bmatrix} \quad (12\text{-}47)$$

将拟合后的椭球方程整理成向量形式：

$$(\boldsymbol{X} - \boldsymbol{X}_{0})^{T}\boldsymbol{A}(\boldsymbol{X} - \boldsymbol{X}_{0}) = 1$$

其展开式为

$$\boldsymbol{X}^{T}\boldsymbol{A}\boldsymbol{X} - 2\boldsymbol{X}_{0}^{T}\boldsymbol{A}\boldsymbol{X} + \boldsymbol{X}^{T}\boldsymbol{X} = 1 \quad (12\text{-}48)$$

其中：$\boldsymbol{A} = \begin{bmatrix} a & d & e \\ d & b & f \\ e & f & c \end{bmatrix}$ 为椭球形状矩阵；$\boldsymbol{X}_{0} = -\boldsymbol{A}^{-1}\begin{bmatrix} p \\ q \\ r \end{bmatrix}$ 为椭球中心坐标点。

对比式(12-44)与式(12-48)可以得出：

$$\begin{cases} \boldsymbol{K}\boldsymbol{K}^{T} = \dfrac{1}{\|\boldsymbol{H}_{e}^{m}\|^{2}}\boldsymbol{A}^{-1} \\ \boldsymbol{H}_{0} = \boldsymbol{X}_{0} \end{cases} \quad (12\text{-}49)$$

$$\boldsymbol{K}\boldsymbol{K}^{\mathrm{T}} = \begin{bmatrix} (\alpha^2+1)k_x^2 & (\beta+\alpha\gamma)k_xk_y & \alpha k_xk_z \\ (\beta+\alpha\gamma)k_xk_y & (\beta^2+\gamma^2+1)k_y^2 & \gamma k_yk_z \\ \alpha k_xk_z & \gamma k_yk_z & k_z^2 \end{bmatrix} \tag{12-50}$$

设 $\boldsymbol{A}^{-1} = \begin{bmatrix} a' & d' & e' \\ d' & b' & f' \\ e' & f' & c' \end{bmatrix}$，再结合椭球参数矩阵 $\boldsymbol{A}$ 和 $\boldsymbol{X}_0$，便可求出三轴 GM 的制造误差参

数如下：

$$\begin{cases} \hat{k}_x = \sqrt{a'c'-e'^2}/(\sqrt{c'}\,\|\boldsymbol{H}_{\mathrm{e}}^{\mathrm{m}}\|) \\ \hat{k}_y = \sqrt{(b'^2-f'^2)(a'c'^2-c'e'^2)-(c'd'-e'f')^2}/(\sqrt{a'c'^2-c'e'^2}\,\|\boldsymbol{H}_{\mathrm{e}}^{\mathrm{m}}\|) \\ \hat{k}_z = \sqrt{c'}/\|\boldsymbol{H}_{\mathrm{e}}^{\mathrm{m}}\| \\ \hat{\alpha} = e'/\sqrt{a'c'-e'^2} \\ \hat{\beta} = c'd'-e'f'/(\sqrt{a'c'^2-c'e'^2}\,\hat{k}_y\,\|\boldsymbol{H}_{\mathrm{e}}^{\mathrm{m}}\|) \\ \hat{\gamma} = f'/(\sqrt{c'}\,\hat{k}_y\,\|\boldsymbol{H}_{\mathrm{e}}^{\mathrm{m}}\|) \\ \boldsymbol{H}_0 = \boldsymbol{X}_0 \end{cases} \tag{12-51}$$

至此，三轴 GM 的 9 个制造误差参数全部求出，从而可以对磁场量测数据进行补偿，获得更为精确的地磁量测数据。

应当指出的是：针对三轴 GM 制造误差标定补偿的最佳椭球拟合法，同样适用于其载体磁场误差的标定与补偿，推导过程相似，不再逐一推导。

2. 载体磁场误差椭球拟合补偿实验

将组合系统放置于三轴转台上（周围不要存放磁性物质），分别沿三个轴向匀速旋转 5 周，采集 GM 传感器输出数据及系统输出参数，以得到充足的三维磁场原始数据，便于进行椭球拟合。采集到的磁场原始数据分布如图 12-10 所示。

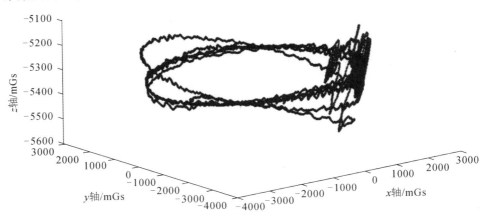

图 12-10　拟合前磁场数据分布图

运用椭球拟合法对磁场原始数据进行补偿,拟合后得到的数据分布如图 12-11 所示。

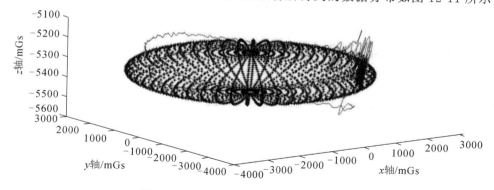

图 12-11　椭球拟合后的磁场数据分布图

最佳椭球拟合参数为

$$\boldsymbol{\zeta} = \begin{bmatrix} a & b & c & d & e & f & p & q & r & m \end{bmatrix}$$
$$= [2.015 \quad 0.997 \quad 1.875 \quad 0.034 \quad 0.057 \quad -0.028$$
$$\quad -5.185 \quad 4.903 \quad -3.179 \quad 1.986]$$

(12-52)

GM 传感器制造误差标定参数为

$$[\hat{k}_x \quad \hat{k}_y \quad \hat{k}_z \quad \alpha \quad \beta \quad \gamma \quad m_{0x} \quad m_{0y} \quad m_{0z}] = [2.013 \quad 0.997 \quad 1.002$$
$$0.035° \quad 0.051° \quad 0.047° \quad -3.765 \quad 4.807 \quad -2.835]$$

(12-53)

$$\boldsymbol{H}_{\mathrm{P}}^{\mathrm{b}} = \begin{bmatrix} 3001.024 & 2768.253 & -5100.458 \end{bmatrix}^{\mathrm{T}}$$

(12-54)

$$\boldsymbol{C}_i = \begin{bmatrix} 0.3103 & 0.2510 & 0.2185 \\ 0.1826 & 0.3501 & 0.3217 \\ 0.1342 & 0.2876 & 0.1739 \end{bmatrix}$$

(12-55)

3. 磁差补偿

磁差主要是由磁偏角造成的误差,一般通过多方位测量与陀螺罗经方位对比进行标定,且规定磁针指北极 N,磁偏角东偏为正、西偏为负。

利用 GM 传感器求出的磁航向指的是载体航向与地磁子午线之间的夹角。然而在实际的应用中或与其他导航系统组合时,所用到的航向是载体航向与地理真北的夹角。可建立磁偏角 D、磁航向角 ϕ、“真”航向角 ψ 三者之间的关系:

$$\psi = \phi - D$$

(12-56)

经过罗差和磁差补偿后,磁航向仪的系统误差可用一阶马尔可夫过程近似为

$$\dot{\delta \psi}_{\mathrm{M}} = -\frac{\delta \psi_{\mathrm{M}}}{\tau_{\mathrm{M}}} + W_{\mathrm{M}}$$

(12-57)

其中:相关时间 τ_{M} 一般取 30～200 s,且载体速度越高,τ_{M} 越小;W_{M} 为测量白噪声。

对于地磁导航,应当指出的是:其一,磁传感器极易受外磁场干扰,产生严重的测量误差;其二,地磁/加速度计组合系统的航向角是建立在水平姿态准确测量基础之上的,而加速度计在载体静止与匀速状态下的水平测姿较为精确,在动态情况下的测姿性能较差,进而影响地磁航向角的精度;其三,受磁滞效应、磁传感器数据刷新频率低的影响,磁航向的跟随性、实时性较差,特别是在载体做快速大转角运动情况下,磁航向会出现严重滞后,进而导致较大偏差。

基于以上分析,地磁作为一种导航方式,虽然具有很强的自主性,但是由于其动态适应性差,受环境磁场干扰较大,故一般不单独使用,常作为辅助导航方式。

12.5 MINS/GPS/GM 组合导航基本原理

12.5.1 组合的前提

(1) 参与组合的导航方式之间具有较强互补性。

MINS 导航自主性强、更新频率高、短时内的精度较高,但其器件精度等级低、噪声大,无法完成自主初始对准,且各导航参数长时误差累积严重。GPS 测速定位精度高,无长时误差累积效应,但其面临无法单点 GPS 定向、数据更新频率低、易受外界环境干扰而致信号失锁等问题。GM 作为一种敏感地磁场的无源自主导航方式,静态定向精度高,无长时误差累积效应,但其动态适应性差,易受周围软、硬磁场的干扰,致使航向信息偏差较大。由以上分析可知 MINS、GPS、GM 三者之间具有导航互补特性。

(2) 明确各导航子系统的误差特性。

只有经过误差分析,建立起相对准确的系统误差模型,才能明确导航信息误差传播的规律与特性,从而寻找有效的误差估计与补偿方法。

(3) 有效的滤波估计和信息融合方法。

组合导航系统借助 Kalman 滤波对系统误差进行最优估计,并通过信息融合方法将各子系统信息按某种准则合理分配,提高系统实际使用精度和可靠性。

12.5.2 组合导航的意义与作用

借助各子系统之间的互补特性,通过最优估计和信息融合技术,提高整个组合导航系统的信息参数全面性、精确性、抗干扰性、动态适应性、可靠性等实际使用性能,弥补单一导航存在的信息不全面、精度低、可靠性差等缺陷,因此在实际工程应用中,舰船、地面车辆、飞机、导弹等都采用组合导航方式。

12.5.3 组合导航 Kalman 滤波原理

Kalman 滤波是基于系统状态空间模型的滤波方法,其实质是线性最小方差标准下的最优估计,是一种适用于随机信号的数学递推算法。Kalman 滤波利用系统噪声和观测噪声的统计特性,以观测量为滤波器输入,以估计值(系统状态参数)为输出,通过时间更新和量测更新算法实现对状态的最优估计,是组合导航中最常用的滤波方法。

设有随机线性系统离散化方程:

$$\begin{cases} \boldsymbol{X}_k = \boldsymbol{\Phi}_{k/k-1}\boldsymbol{X}_{k-1} + \boldsymbol{\Gamma}_{k-1}\boldsymbol{W}_{k-1} \\ \boldsymbol{Z}_k = \boldsymbol{H}_k\boldsymbol{X}_k + \boldsymbol{V}_k \end{cases} \tag{12-58}$$

其中:$\boldsymbol{X}_k$ 为系统 n 维状态向量,即 t_k 时刻的被估状态;$\boldsymbol{\Phi}_{k/k-1}$ 为 t_{k-1} 时刻至 t_k 时刻的一步状态转移矩阵;$\boldsymbol{\Gamma}_{k-1}$ 为系统噪声驱动矩阵;$\boldsymbol{W}_{k-1}$ 为系统激励噪声序列;$\boldsymbol{Z}_k$ 为系统 m 维量测;$\boldsymbol{H}_k$ 为系统量测矩阵;$\boldsymbol{V}_k$ 为量测噪声序列,且 $\boldsymbol{W}_k$ 和 $\boldsymbol{V}_k$ 满足:

$$\begin{cases} E[\boldsymbol{W}_k] = 0 \\ E[\boldsymbol{V}_k] = 0 \\ \mathrm{Cov}[\boldsymbol{W}_k, \boldsymbol{V}_j] = E[\boldsymbol{W}_k \boldsymbol{V}_j^{\mathrm{T}}] = 0 \\ \mathrm{Cov}[\boldsymbol{W}_k, \boldsymbol{W}_j] = E[\boldsymbol{W}_k \boldsymbol{W}_j^{\mathrm{T}}] = \boldsymbol{Q}_k \delta_{kj} \\ \mathrm{Cov}[\boldsymbol{V}_k, \boldsymbol{V}_j] = E[\boldsymbol{V}_k \boldsymbol{V}_j^{\mathrm{T}}] = \boldsymbol{R}_k \delta_{kj} \end{cases} \tag{12-59}$$

其中 $\boldsymbol{Q}_k$ 为系统噪声序列的非负定方差矩阵，$\boldsymbol{R}_k$ 为系统量测噪声序列的正定方差矩阵，δ_{kj} 为 Kronecker-δ 函数。

基本 Kalman 滤波方法如下。

状态一步预测：

$$\hat{\boldsymbol{X}}_{k/k-1} = \boldsymbol{\Phi}_{k/k-1} \hat{\boldsymbol{X}}_{k-1}$$

状态估计：

$$\hat{\boldsymbol{X}}_k = \hat{\boldsymbol{X}}_{k/k-1} + \boldsymbol{K}_k (\boldsymbol{Z}_k - \boldsymbol{H}_k \hat{\boldsymbol{X}}_{k/k-1})$$

一步预测均方误差矩阵：

$$\boldsymbol{P}_{k/k-1} = \boldsymbol{\Phi}_{k/k-1} \boldsymbol{P}_{k-1} \boldsymbol{\Phi}_{k/k-1}^{\mathrm{T}} + \boldsymbol{\Gamma}_{k-1} \boldsymbol{Q}_{k-1} \boldsymbol{\Gamma}_{k-1}^{\mathrm{T}}$$

滤波增益矩阵：

$$\boldsymbol{K}_k = \boldsymbol{P}_{k/k-1} \boldsymbol{H}_k^{\mathrm{T}} (\boldsymbol{H}_k \boldsymbol{P}_{k/k-1} \boldsymbol{H}_k^{\mathrm{T}} + \boldsymbol{R}_k)^{-1} = \boldsymbol{P}_k \boldsymbol{H}_k^{\mathrm{T}} \boldsymbol{R}_k^{-1}$$

估计均方误差矩阵：

$$\boldsymbol{P}_k = (\boldsymbol{I} - \boldsymbol{K}_k \boldsymbol{H}_k) \boldsymbol{P}_{k/k-1} (\boldsymbol{I} - \boldsymbol{K}_k \boldsymbol{H}_k)^{\mathrm{T}} + \boldsymbol{K}_k \boldsymbol{R}_k \boldsymbol{K}_k^{\mathrm{T}} = (\boldsymbol{I} - \boldsymbol{K}_k \boldsymbol{H}_k) \boldsymbol{P}_{k/k-1}$$

以上各式联合起来即为 Kalman 滤波基本方程。整个滤波周期内包含时间更新和量测更新以及增益和滤波计算回路，只要给定 $\hat{\boldsymbol{X}}_0$ 和 $\boldsymbol{P}_0$，根据 t_k 时刻的量测值 $\boldsymbol{Z}_k$，可递推得到 t_k 时刻的状态估计 $\hat{\boldsymbol{X}}_k (k=1, 2, 3, \cdots)$。

Kalman 滤波在组合导航中的应用应考虑以下问题：

（1）滤波状态选取和状态空间模型建立。

滤波状态的选取要综合考虑系统应用环境、估计精度要求、导航计算机能力、参数输出实时性等多种因素，可预先通过仿真分析验证其效果。状态方程的建立是以系统误差方程为基础的，是其状态空间的表现形式，应选取观测性较强的参量作为观测量构成观测方程，从而建立起系统状态空间的数学模型。

（2）滤波器的结构形式。

根据不同分类方式，Kalman 滤波分为直接型和间接型、输出校正和反馈校正、集中式和分散式（主要指联邦 Kalman 滤波）等，综合考虑系统线性度、滤波精度、容错性等方面，组合导航中常选用间接型、反馈校正、分散式滤波结构。

（3）系统非线性特性。

基本 Kalman 滤波只适用于线性系统，当系统表现为非线性时，就必须考虑将系统线性化或者用其他方法近似描述系统的非线性，常采用 EKF、UKF、PF 等扩展 Kalman 滤波方法加以解决，具体选用时应考虑计算量和实时性问题。

（4）有色噪声的处理。

基本 Kalman 滤波要求系统和量测噪声都为白噪声，但实际上系统的噪声多为有色的，此时需要对基本 Kalman 滤波方程进行适当修改。一般使用状态扩增或量测扩增方法解决。

（5）滤波器发散。

滤波器发散指的是滤波器无法稳定收敛,失去滤波作用,主要原因有:所建立的系统模型无法反映实际物理过程,使其与获得的观测值不匹配而引起发散;计算中舍入误差的积累,使估计均方误差矩阵逐渐失去正定性或对称性,造成增益矩阵的计算失真而导致发散。针对以上两方面原因,可分别通过衰减记忆法限制滤波增益减少和通过分解滤波法防止均方误差矩阵失去正定性和对称性加以解决。

组合导航中 Kalman 滤波具体选用哪种形式,需要根据系统的误差特性、噪声特征以及收敛速度、导航精度、实时性、容错性要求等多方面加以考量和权衡。

课 后 习 题

1.MEMS 陀螺仪和加速度计的误差主要包括:_____、_____、_____、_____。

2.由于磁场干扰等原因,GM 一般会产生误差,一般将误差分为 _____、_____、_____。

3.请简述 GPS 的工作原理。

4.什么是罗差? 如何减小该误差?

参 考 文 献

[1] 宋春华，张弓，刘晓红. 机器视觉：原理与经典案例详解[M]. 北京：化学工业出版社，2022.

[2] 程晨. 掌控 Python：人工智能之机器视觉[M]. 北京：科学出版社，2021.

[3] 刘国华. 机器视觉技术[M]. 武汉：华中科技大学出版社，2021.

[4] 张焱，王丛丛. 机器视觉检测与应用[M]. 北京：电子工业出版社，2021.

[5] 赵云龙，葛广英. 智能图像处理：Python 和 OpenCV 实现[M]. 北京：机械工业出版社，2022.

[6] 荣嘉祺. OpenCV 图像处理入门与实践[M]. 北京：人民邮电出版社，2021.

[7] 陈雯柏. 智能传感器技术[M]. 北京：清华大学出版社，2022.

[8] 陈荣保. 传感器原理及应用技术[M]. 北京：机械工业出版社，2022.

[9] 迟明路，田坤. 机器人传感器[M]. 北京：电子工业出版社，2022.

[10] 胡向东. 传感器与检测技术[M]. 北京：机械工业出版社，2021.

[11] 宋凯. 智能传感器理论基础及应用[M]. 北京：电子工业出版社，2021.

[12] 陈文仪，王巧兰，吴安岚. 现代传感器技术与应用[M]. 北京：清华大学出版社，2021.

[13] 金鹏. MEMS 光纤声压传感器技术[M]. 北京：科学出版社，2022.

[14] 中国惯性技术学会. 惯性技术学科发展报告[M]. 北京：中国科学技术出版社，2010.

[15] 秦峰. 基于矢量跟踪的高动态载体超紧组合导航技术研究[D]. 上海：上海交通大学，2014.

[16] 朱誉品. 基于 MEMS 传感器的组合导航系统研究[D]. 重庆：重庆大学，2017.

[17] 张炎华，王立端，战兴群，等. 惯性导航技术的新进展及发展趋势[J]. 中国造船，2008，49(S1)：134-144.

[18] 蔡春龙，刘翼，刘一薇. MEMS 仪表惯性组合导航系统发展现状与趋势[J]. 中国惯性技术学报，2009，17(5)：562-567.

[19] 刘建业，李荣冰，华冰. MEMS 惯性技术及其在微型无人飞行器中的应用和发展[C]// 中国航空学会 2005 学术年会论文集，2005.

[20] 李华. 针对 MEMS 的惯性导航初始对准技术研究[D]. 哈尔滨：哈尔滨工程大学，2016.

[21] 方鹏. GPS/INS 组合导航与定位系统研究[D]. 上海：同济大学，2008.

[22] 李洪波. SINS/GPS/GM 组合导航系统研究[D]. 哈尔滨：哈尔滨工业大学，2007.

[23] 刘超慧. 嵌入式 GPS/SINS 组合导航技术研究[D]. 长沙：国防科技大学，2011.

[24] 陈翔铭. 高性能弹载 INS/GPS 组合导航滤波方法研究[D]. 上海：上海交通大学，2013.

[25] 孙华忠. 捷联惯导/里程计组合定位定向系统研究[D]. 哈尔滨：哈尔滨工程大

学，2017.

[26] 格鲁夫. GNSS 与惯性及多传感器组合导航系统原理[M]. 刘涛，等译. 北京：国防工业
出版社，2011.

[27] 袁广民，李晓莹，常洪龙，等. MEMS 陀螺随机误差补偿在提高姿态参照系统精度中的
应用[J]. 西北工业大学学报，2008，26(6)：777-781.

[28] 肖茜. 便携式移动电子设备的步行者航位推算技术研究[D]. 成都：电子科技大
学，2014.

[29] 国琳娜. IMU 温度补偿技术研究[C]//中国惯性技术学会. 中国惯性技术学会第四届学
术年会，1999：71-73.

[30] 尹文. MIMU 微惯性测量单元误差建模与补偿技术[D]. 长沙：国防科技大学，2007.

[31] 刘婷，刘伟，来奇峰. 一种 MIMU 器件标定及数据处理方法[C]//中国卫星导航学术年
会. 第四届中国卫星导航学术年会论文集，2013.

[32] 吴纾婕. MIMU 器件参数辨识及误差补偿技术研究[D]. 北京：北京理工大学，2015.

[33] JASON N GROSS，YU GU，MATTHEW RHUDY. Online modeling and calibration
of low-cost navigation sensors[C]//AIAA Modeling & Simulation Technologies Con-
ference，2011.

[34] 吴有龙. 巡飞弹组合导航系统误差补偿及可靠性研究[D]. 南京：南京理工大学，2014.

[35] 徐绍铨，张华海，等. GPS 测量原理及应用[M]. 4 版. 武汉：武汉大学出版社，2017.

[36] 张晓明. 地磁导航理论与实践[M]. 北京：国防工业出版社，2015.

[37] 张静，金志华，田蔚风. 无航向基准时数字式磁罗盘的自差校正[J]. 上海交通大学学
报，2004，38(10)：1757-1760.

[38] 靳文瑞. 基于 GNSS 的多传感器融合实时姿态测量技术研究[D]. 上海：上海交通大学，
2009.

[39] 秦赓，管雪元，李文胜. 基于椭球补偿的三维载体磁场误差补偿方法[J]. 电子测量技
术，2018(2)：37-40.

[40] 王秉阳. 高精度磁罗经设计与实现[D]. 哈尔滨：哈尔滨工程大学，2017.

[41] 秦永元，张洪钺，汪叔华. 组合导航卡尔曼滤波基本原理[M]. 3 版. 西安：西北工业大
学出版社，2016.

[42] 夏全喜. SINS/GPS/EC 组合导航系统设计与实验研究[D]. 哈尔滨：哈尔滨工程大学，
2009.